空間コードから
共創する中川運河

「らしさ」のある都市づくり

竹中克行 編著

鹿島出版会

第Ⅰ部　空間コードとは　　　　　　　　　7
　　空間コードとは　　　　　　　　　　　　8

第Ⅱ部　中川運河を発見する　　　　　21
　A　都市のセカンドネーチャー　　　　　22
　B　共演する土木・緑・建築　　　　　　28
　C　時代を拓く市民のアリーナ　　　　　34

第Ⅲ部　中川運河の空間コード　　　41
　A1　海に向かう都市の層　　　　　　　42
　A2　閘門式運河の水面　　　　　　　　48
　A3　人工の自然堤防　　　　　　　　　54
　A4　緑のコリドー　　　　　　　　　　60

　B1　運河を挟んで向き合う　　　　　　66
　B2　インダストリアル空間　　　　　　70
　B3　鳥と風が運ぶ都市の緑　　　　　　74
　B4　連続体の美学　　　　　　　　　　78
　　　コラム　近代化産業遺産としての中川運河　83

　C1　名古屋の大静脈　　　　　　　　　84
　C2　インタラクトする水土　　　　　　90
　C3　「自然」とのつきあい　　　　　　96
　C4　創造力の空間　　　　　　　　　104
　　　コラム　名古屋の現代アートと産業空間の活用　111

第Ⅳ部　空間コードを発見する技　　　　　　　113

SP1　中川運河の隣人　　　　　　　114
1　港と都心の間で　　　　　　114
2　町中の静脈産業　　　　　　116
3　「赤いダイヤ」を運ぶ　　　　118
4　艀乗りの町の記憶　　　　　120
5　ものづくり都市の粋　　　　122
6　モザイク化する町　　　　　124
7　住んでよし、商いにもよし　126
8　アーティストの踊り場　　　128
9　艀が活躍した時代　　　　　130
10　運河はスマートな土場　　　132
コラム　中川運河祭り／運河の隣人たち　　134

SP2　運河に生える自然　　　　　　136
1　水辺としての中川運河　　　136
2　緑の調査　　　　　　　　　142
3　中川運河の鳥　　　　　　　152
「循環」〜見えない物語を描く　　156

SP3　運河景観の定点観測　　　　　158
1　中川運河の水面　　　　　　158
2　中川運河のマテリアル　　　163
3　中川運河の色彩　　　　　　164
4　護岸と建築のタイポロジー　166

SP4　蘇る運河建築　　　　　　　　168

第Ⅴ部　空間コードの応用　　　　　　　　　　179

AP1　開かれたプロセスとしての空間コード　　180
　1　空間コードの共同マネジメント　　180
　2　フィールドから種子を見つける　　182
　3　大学のプロジェクト研究との連携　　184

AP2　空間コードが提起する課題　　186
　1　コード単体からの発想　　186
　2　複数コードの掛合せ　　190

AP3　空間コードから共創する未来　　194
　1　共創のための条件　　194
　2　中川運河コンペ　　200

典拠一覧　　210
参考文献　　214
あとがき　　216
執筆担当一覧　　221

第 I 部

空間コードとは

中川運河 Y 字ゾーン：1960 年頃

空間コードとは

「俗都市化」の陥穽

　グローバル化時代の超国家的な経済フローから激しい圧力を受けた都市は、自らを差別化しようと、しばしばテーマを絞り込んだマーケティング戦略に走る。「大正レトロ」「スマーフ村」「水の都ヴェニス」等々。場所に積もる人々の記憶から遊離し、即時的・表層的なイメージというただ一つの層に矮小化された空間は、都市の来歴とは関係なく、いとも簡単に複製・クローン化されてしまう。かくして、スペインの地理学者フランセスク・ムニョスが「俗都市化」論[*1]で主張したように、自らを際立たせようとする都市企業家主義の差別化戦略がありふれた薄っぺらな景観に行き着いてしまう、という逆説が生まれる。

　あからさまなテーマ特化を追求しない都市でも、ある種標準化された景観が量産されてはいないか。たとえば、中世の街並みを丁寧に復原したかにみえるヨーロッパ都市の歴史地区では、お決まりのように、土産物店、ギャラリー、郷土食のレストラン、地域文化をディスプレイする博物館などが軒を連ねている。郷愁を掻き立て、消費されるために用意された空間は、どこの都市でも似たり寄ったりの姿かたちへと堕してゆく。日本でも、歴史的街並みの保存と称して、木造建築の粋からそれを生み出した時代や地域の独創性を抜き取り、和風の一言で片づけられる表面的な意匠のみをコピー＆ペーストする例は、数え切れないほどある。伝統のイメージを纏いながら、その実、参照すべき文脈を内側にもたない景観が次々と生み出されてゆく。

　宙を彷徨うようなオリジナルのないコピー、つまり、フランスの思想家ジャン・ボードリヤールがいうシミュラークル[*2]のごとき街並みは、したたかに生きる都市が虚飾を承知で使っている方便なのか。それともそれは、都市の創造力の空洞化を意味するのか。3Dファミリー映画「スマーフ」のキャラクターと同じ青に村中の建物を塗ったスペイン南部の村フスカルは、制作会社との契約が切れた後も、アンダルシア地方の白い村ならぬ「青い村」でありつづけようと、住民投票まで行って決めた。はたしてスマーフ村は、映画の広告塔としての役割を超えて、人々の手垢や記憶が染みついたフスカル村と対話し、やがて新しい町を胚胎させるのか。あるいは、両者はバラバラの存在でありつづけ、流行が去ればスマーフ村は消え去るのか。またそうなったとき、フスカル村は今より元気づいているのか、それともしぼんだ風船になってしまうのか。

　いかに優雅な伝統をもつ都市であっても、生きているかぎり不変ではありえない。進化のための営力を備えていることが、都市を都市たらしめる根本条件である。スマーフ村＝フスカル村の危うさは、建物を白から青に塗り替えたことではなく、映画のキャラクターとピクチャレスクな村という、作品と村のい

ずれにとっても代替可能な関係に依存している点にある。ならば、都市に息づく変化のダイナミズムを俗都市的なプロジェクトのために消耗するのではなく、置き換え不能な都市の不易として蓄積するには、いったいどうすればよいのか。これが、本書における筆者らの根本的な問題意識である。

視覚的形象としての景観

19世紀以来の近代主義は、環境をつくり出す人間の能力に信頼を置き、機能主義が貫徹する土地利用計画や交通計画によって都市の未来を構想しようとした。今日にいたる都市計画は、近代主義が導入した方法論から多大な影響を受けている。もちろん、都市空間から意味を剥ぎ取り、平滑な設計図に変換する方法への異議申立ては、近代主義そのものと同じくらい長い歴史をもつ。その初期の代表例として、新古典主義の造形を好んで使った都市美運動がある。近代建築運動の側からも、新首都ブラジリアに象徴されるメガストラクチャーの力で、都市デザインへの意味の埋込みが試みられた。形態から意味を生産しようとするこれらの運動は、中川理の表現を借りるなら、「都市の風景化」と言うことができよう。[*3]

時代の変わり目や経済が大きく成長する時代には、視覚的な存在として立ち現れる形態によって都市のイメージが刷新されることは珍しくない。しかし、それが都市の持続的な成長力へと繋がるかどうかは、空間のユーザーたる無数の市民の働きにかかっている。戦後日本の建築運動として国際的な影響力をもったメタボリズムは、「新陳代謝」を意味するネーミングのとおり、拡張性のある群造形をデザインすることで、建築のなかに成長や変化のダイナミズムを織り込もうとした。しかし、自己成長力のある都市を生み出したかといえば、近代主義から連続する建築デザインの力に頼る方法には、やはり限界があったと言わざるをえない。建築デザインの描く形態が都市の新陳代謝を促す触媒になることはあっても、建築作品そのもので都市を「こしらえる」ことはできない。

メタボリズムの建築家たちが生きた戦後復興の時代から、安定成長時代と言われる現在に視点を移そう。残念ながら、今日行われている景観計画や修景事業には、表面的な形態規制をもってまちづくりと錯覚している事例が少なくない。不易を等閑視しながら流行を規制する景観政策が、日本各地で創造性を欠いたプラスチック和風建築の増殖を招いているというのは、言いすぎだろうか。中村良夫は、変転することに意義のある流行と年月を重ねることで重厚さを増す不易を区別する立場から、まちづくりの不易流行を主張した。[*4]

他方、自分たちの町を無二の存在たらしめる個性を探求せずに、協働の名のもとで、アクター間の関係づくりのみに奔走するまちづくりが多いのも事実である。「町のないまちづくり」の逆説に疑問を感じるのは筆者らだけではないだろう。そうした問題は、資本制経

[*1] ムニョス、フランセスク（竹中克行・笹野益生訳）『俗都市化―ありふれた景観 グローバルな場所』昭和堂、2013年。
[*2] ボードリヤール、ジャン（竹原あき子訳）『シミュラークルとシミュレーション』法政大学出版局、1984年。
[*3] 中川理『風景学―風景と景観をめぐる歴史と現在』共立出版、2008年。
[*4] 中村良夫『風景学入門』中央公論社、1982年。

済の飽くなき需要創出のプロセスが産み落とした郊外住宅地に凝縮して現れる。社会学者の若林幹夫は、祀られるもののない祭りが象徴する茫漠とした空間にあって、コミュニティのかたちを模索しつづける郊外の住人たちの営みを鋭い筆致で描き出している。[*5]

都市の「らしさ」を可視化する

では、借り物の典型が並ぶブランド都市ではなく、普通の町にして、個性の絡まりがつくる非凡な都市へ脱皮するにはどうすればよいのか。力まかせで巨大なハコモノをつくる前に、空間の住人の力を引き出すには何が必要か。この大きな課題にアプローチするために、本書では、平凡に潜む不易、つまり都市の「らしさ」を可視化し、多くの人の手で継承・進化させるためのツールとして、「空間コード」を提案する。自然物と人工物が構成する環境に視線を向け、環境を尊敬する人間の経験から生まれる場所の価値を説いたのは、カナダの地理学者エドワード・レルフである。[*6] レルフの原著出版から約40年が経った今、人と場所の間に通う血脈を活性化することは可能だろうか。また、そのための方法論とは何だろうか。

空間コードは、名古屋・中川運河の再生に向けた筆者らの活動のなかで着想され、数年にわたる議論を経て練り上げられたものである。しかし、その応用の可能性は、中川運河という具体的な設定を超えて広く開かれている。とくに、再生の必要性が人々の口から発せられながら、追求すべき将来像がみえていない、共有されていない都市にとっては、空間コードが自らの町の「らしさ」を認識するための有効なツールとなるにちがいない。そして、そういう「普通」の都市こそが、実は、世の中の多数派ではないか。

幸いと言うべきか、筆者らが向き合った中川運河では、古い河道の自然堤防上に成立した集落、近世の新田開発が残した短冊状の地割、干拓堤の跡、埋立て造成された近現代の港というように、低湿地の水土にさまざまな時代の痕跡が刻み込まれている。そこに昭和初め、当時の土木技術の粋を集めた中川運河が開通し、やがて、運河に生業を求めた人々の間に地縁ならぬ水の縁が生まれた。しかし、運河というプラットフォームの上に紡ぎ出された場所は、中心動線をなす水運が危機に瀕すると、かつての凝集力を失ってゆく。今日、人々の意識のなかに運河を呼び戻すために、水面とつきあう新しい術が求められている。

その重要な糸口として景観がある。もちろん新しい発想ではない。景観計画や建築などの分野では、「デザインコード」の名のもとで、特定の意匠への誘導によって景観の統一感や観賞的価値を高めるためのデザイン指針を示してきた。しかし、本書が提案するのはこれではない。筆者らの関心は、視覚的な形象としての景観そのものではなく、景観を生み出すもととなった関係性に向けられているからである。アメリカ合衆国の都市史家・建築家ドロレス・ハイデンは、一見平凡にみえるヴァナキュラーな生活景のなかに宿る「場所の力」を見出そうと試みた。[*7] 場所の存在論的価値を映し出し、人々の都市に対するアイデンティティや想像力を喚起するのが景観だという主張である。本書でもこの発想を大事にしたい。

ランドスケープとしての都市空間

　空間コード研究は、土地とそれを共有する人間がとり結ぶ関係を注視することから始まる。自然に基礎を置く空間論としては、「通態(trajet)」概念を使ったフランスの地理学者オギュスタン・ベルク[*8]の考察が有名であり、人間による空間組織化の作法という根源的テーマについて、文化論的視点から非常に多くのことを教えてくれる。しかし、そこから都市レベルの実践的課題へと橋渡しすることは容易でない。個別具体的な地域に立脚しつつ、人間と土地のかかわりに関する洞察の手がかりを与えてくれる研究として、本書では、武内和彦らによるランドスケープエコロジーに注目したい[*9]。

　統合的な地域マネジメントを志向するランドスケープエコロジーは、日本語の景観よりも広い語感をもつランドスケープの概念によって、人間とそれを取り巻く生態系からなる地域のまとまりをとらえる。たとえば里山なら、定期的な伐採や下草刈りなどの人為を経ながら再生産される、いわば二次的な自然に積極的な価値があるとする。これは、高度に人工化された都市空間を相手にする研究にとっても、魅力的にして得るところの多いアプローチである。審美的側面に矮小化された景観概念の掣肘（せいちゅう）を振りほどき、都市に流れる持続的文脈を読み解くうえで、地域に固有の生態－社会関係から一定の制御を受けたランドスケープが重要な基盤となることは間違いない。

　ランドスケープとして都市空間をみる際に、空間コード研究がとりわけ重視するのは、人工物でありながら時の経過とともに都市の地肌を構成するにいたる、大がかりな土木構造物がもつ役割である。土木がつくるフレームは、耐久力の大きさゆえに、人間と自然の関係に割って入り、人間の介入があってこそ成立するランドスケープの重要な一部へと進化する可能性を有するからである。

　恰好の例が開削から1世紀近くを経た中川運河である。船舶の航行に合わせて設計された流線と断面をもち、頑丈な護岸を施した運河には、河畔林が育つ河川敷はなく、葦原すら発達しない。しかし、中川運河と接する人々の態度は、年月とともに少しずつ変化していった。広々とした水面に映る空や建物は、いつの間にか町の風景の一部となり、遊休化した護岸地には、自然生えの木々からなる豊かな緑が育った。開削から間もない時代に生まれ育った人々のなかでは、危ないと大人に諭されながら遊んだ運河が、幼馴染みの水場として記憶されている。

　ここで注意しなければならないのは、個々のランドスケープのもつ特性が可視化され、人間による意識的な評価の対象となっていることは、現実の地域では、どちらかといえば例外的だということである。資本制経済のも

[*5]　若林幹夫『郊外の社会学―現代を生きる形』筑摩書房、2007年。

[*6]　レルフ、エドワード（高野岳彦ほか訳）『場所の現象学―没場所性を越えて』筑摩書房、1991年。

[*7]　ハイデン、ドロレス（後藤春彦ほか訳）『場所の力―パブリック・ヒストリーとしての都市景観』学芸出版社、2002年。

[*8]　ベルクは、地理学を基盤とする明晰かつ骨太の日本文化論で知られる。多くの著作が日本語訳されているが、ここでは、身近な事例を通じてベルク流の空間論の特質を知ることのできる書物として、以下のものをあげておく。ベルク、オギュスタン（宮原信訳）『空間の日本文化』筑摩書房、1985年。

[*9]　武内和彦『ランドスケープエコロジー』朝倉書店、2006年。

と、都市空間は私的所有権の単位で切り分けられ、面積や間口の大きさ、交通アクセスとの関係で交換価値として評価されてきた。そして、そうした市場至上主義へのアンチテーゼとして場所の使用価値が主張されるとき、表象の対象となるのは、もっぱら前近代に遡る歴史や人々の生業である。

そのこと自体はなんら間違いではない。しかし、先にランドスケープの概念に言及した際に筆者らが念頭に置いたのは、個々の人間の意識を超えたところに成立している、自然と人間の相互浸透的な関係である。知覚心理学者ジェームズ・J.ギブソンの理論によるなら、環境がもつアフォーダンスとも呼べるだろうか。[*10] この言い換えの妥当性は措くとしても、人間が飼い馴らし、自由に利用しているつもりの自然が、しばしば気づかぬうちに人間の行動を規定する、といったことが起きているのは確かである。たとえば、山の辺に立地した武家屋敷に対して、水の辺が町人の町として発達したというのは、あまりにもよく知られた江戸・東京の空間構造である。山の手と下町の対照性は、水運へのアクセスのみならず、地形がもたらす眺望や災害に対する脆弱性など、さまざまな環境特性が人間生活との関係性においてもつ意味によって、深層で規定されているはずである。

干拓地に深い畝を刻み、新田を拓いた近世の尾張の人々に対して、現代の名古屋人は、どのような想像力を働かせながら水土の環境とつきあっているのだろうか。筆者らは、その答えを中川運河に求めようと試みた。閘門式運河の静かな水面や開削土で造成された両岸の微高地。土木が生んだそれらの構造物は、運河と向き合う人々の営みのなかで、持続性をもつ一種の環境装置へと進化したのではないか。しかし今日、微妙な均衡を保つ水土の環境は、高密化した市街地の下に大部覆い隠されている。人間が自然とのコミュニケーションの綻びを悟るのは、手なずけたつもりの自然が反芻のエネルギーを爆発させたときである。中川運河が開削された名古屋南西部では、1959年の伊勢湾台風や2000年9月11〜12日に発生した「東海豪雨」が、脆弱な低湿地に開発された市街地に容赦ない仕打ちを加えた。

関係性を映し出す景観

都市の持続的文脈が基底においてランドスケープとしての意味をもつとしても、それだけでは、われわれが日常を過ごす建物や街路といった小さなスケールで都市再生のヒントを導き出すことは容易でない。そこで切り口となるのが、すでに言及した視覚的な形象としての景観である。ただし、筆者らが注目するのは、景観の審美的側面よりも、景観に現れるさまざまな空間ユニット相互の関係性である。

かつてイギリスの景観デザイナー、ゴードン・カレンは、一見混乱してみえる建物、街路、空地などの関係に視覚的なまとまりを見出し、それを「タウンスケープ」と名づけた。[*12]「1つの建物は建築だが2つの建物はタウンスケープである」とはカレン自身の言辞である。たしかに、町の雰囲気をつくり出すうえで、建物どうし、建物と道路、建物と空地などの関係性は、個々の空間ユニットの意匠以上に大きな力をもっている。しかし、ランドスケープとしての都市空間を主たる対象とする筆

者らにとっては、建造空間のみに焦点を当てるタウンスケープという設定は、限定的すぎるのかもしれない。それは、空間スケールの制約の問題であると同時に、関係性を物理的表層のレベルでとらえることの限界でもある。

タウンスケープの研究方法を参考にしつつも、筆者らがむしろ重視するのは、景観を介して、関係性をつくる多様な主体の働きである。環境デザインから都市計画のあり方を展望する小浦久子は、実践家としての経験をもとに、地域マネジメントの担い手の視点から関係性の仕組みを明らかにしている。[*13] 小浦の関心対象は、向こう三軒両隣といった同質的なものの結びつきだけでなく、道路・緑地などの公共空間、さらには水辺、山、空といった多様な都市空間の構成要素に及ぶ。そうした研究に触発されつつ、本書では、不特定多数の主体が集合的にかかわらざるをえない、異質な空間ユニット相互の関係性に注目したい。水陸の境界に成立した都市空間の場合には、陸域と水域、道路と水路、自然物と工作物などの間に成立する関係性が、とくに大きな意味をもつだろう。

では、都市の「らしさ」を継承・進化させるために、なぜ関係性が重要なのか。それは、ひとえに関係性を支える主体の働きによっている。建物、空地、道路といった個々のパーツは、ほとんどの場合、個人・法人を含む特定の権利者に帰属している。それに対して、複数のパーツを繋ぐ関係性は、多種類の主体のかかわりを前提としている。人間が集合的にアクセスする空間を環境の概念でとらえる環境社会学の研究[*14]が、個別主体の意思・判断が交錯する先に、舞台の仕組みとでも言うべき共通のかかわりのルールが成立する可能性を

見出そうとする。これは、空間コードの応用にも繋がる興味深い視点である。もちろん、そうしたルールは一朝一夕にはできないし、共同体の構成員によって意識化されていないこともあるだろう。むしろ、ランドスケープを基礎に置く本書では、個人の意図や行動に直接左右されない暗黙知的な関係性にこそ光を当てたい。個々の利害には従属しないがゆえに、いったん成立すると容易には消失しない関係性こそが、都市空間の持続的な文脈を構成している可能性が高く、かつ、硬質の法制度とは異なる柔軟な展開が期待できるからである。

一例として町家が建ち並ぶ両側町を考えてみよう。土地の分割による町割を基盤として形成された日本都市にあって、通りに店舗や作業場の間口を開き、街路から中庭に至る軸線に沿って屋内空間を組織する町家建築は、街路を挟んで向き合い、通りで繋がる町人の共同体の形成と一体のものとして発達した。独特の意匠の一つである犬矢来(いぬやらい)は、街路に密着しているがゆえの建物保守の必要性から考え出され、屋内と人々が行き交う街路の関係を仲立ちする建築デザインとして、通り庭が工夫された。そして、通り庭の突き当りに、通風・採光を得るプライベートな開放空間として奥の庭が配置されることで、町割全体に安

---

*10 佐々木正人『アフォーダンス―新しい認知の理論』岩波書店、1994年。
*11 陣内秀信『東京の空間人類学』筑摩書房、1985年。
*12 カレン、ゴードン(北原理雄訳)『都市の景観』鹿島出版会、1975年。
*13 小浦久子『まとまりの景観デザイン―形の規制誘導から関係性の作法へ』学芸出版社、2008年。
*14 後出のコモンズ論との関係で、とくに以下の文献が参考になる。宮内泰介編『コモンズをささえるしくみ―レジティマシーの環境社会学』新曜社、2006年。

定した空間システムが成り立っていた。こうした町の形態が長期にわたって安定しえたのは、建築デザインの秀逸さに負う部分も少なくなかっただろう。しかし、もっと本質的なのは、時代特有の技術的・制度的な制約のもとで、町人たちの商いや生活に必要な空間ユニットの配置とそれら相互の関連づけが、町家空間に固有の形態を必然たらしめたということである。そして、そうした空間システムは、商売繁盛のためにつきあい、鎬を削り合う人々のなかから生まれ、同時に、共同性をもった空間の価値を高めることに貢献した。特定の形態を追求することが目的化されたのではない。

中川運河では、幅広の水路とその両側にセットで用意された帯状の産業用地や道路の空間構造が、運河を挟んで向き合う感覚や倉庫を介した水路と陸路の連結をもたらした。しかし、水運が衰退すると、荷作業が行われなくなった護岸地は、人間の活動と自然の営みに挟まれた位置づけの曖昧な境界空間へと変化する。そしてそこに、周辺市街地から鳥や風によって運ばれた種子が芽生え、はからずも緑の回廊が生まれた。水と陸をとりもつ関係性は、積層を繰り返しながら、中川運河の「らしさ」を進化させているのである。

新しい公共圏の可能性

異質な空間ユニット相互の関係性を支えるのが異種混淆の主体だとすれば、それら主体の間には、同じ空間を使いこなしているという、ある種の仲間意識が成立しているのだろうか。空間コードに関する説明の冒頭では、土地とそれを共有する人間がとり結ぶ関係と述べた。そこでいう人間とは、むろん孤立した個人ではなく、日々の営みをもって共通の土地にかかわる、間主体性をもった人間集団である。

もちろん、事は単純でない。急激な都市化を経験する以前の地域社会では、生業としての農業に不可欠な田畑、農道、水路といった生産基盤は、村人たちの共同作業によって維持されていた。周辺生態系の適切な利用と管理が農村社会の持続可能性に直結していたからである。土地に根ざす地域共同管理の単位が農村だったと言ってもよいだろう。こうした伝統的な農村のあり方とは対照的に、現代の都市では、土地を個人の所有権の単位に細分化して扱うのが当然とされている。

しかし、都市空間にあっても、個別的な使用価値だけでなく、共同利用することで上昇する価値が存在するならば、緩やかな地域共同管理が成立する余地は十分にある。ありふれた例でいえば、商店会は、商店街などの商業空間を共同マネジメントすることでメンバーたる商業者の地位を高めようとしてきた。あるいは、住民や事業者の合意によって地区の景観協定が成立したならば、それは、良好な街並みといった都市空間の集合的価値に人々が同意し、その向上のもたらす利益が個人にも還元されると考えているからであろう。「入会」を意味するコモンズは、狭義には、権利者が限定されておらず、受益者がみな節度を守って利用することで大きな利益を得ることができる財（一部の利用者が自己利益を追求すると破壊される財）を意味する。高村学人は、地域共同管理に果たす法の役割を検証したうえで、一般に公共財（公共団体が所有者）とみなされる公園などにコモンズの射程を広げて、現代の都市

にコモンズを利用する人々の繋がりを取り戻す必要性を力説している。[*15]

こうした広義のコモンズの可能性を考えるうえでも、中川運河は実り多い実践場になる。水面のみならず、倉庫敷地から運河と並行する道路までが名古屋市の市有地とされ、名古屋港管理組合のもとで、倉庫敷地は港湾・物流関係事業者に賃貸されてきた。このメカニズムは、水運を中心とする産業インフラの便益に与（あずか）ろうとする多くの企業を引き寄せただけでなく、運河の近傍に、それら企業の事業所で働く人々や家族らの緩やかなコミュニティを創出する役割を果たした。都心寄りの上の宮と港近くの下の宮の間で氏子が交流する運河祭りが、運河に寄り添って生活する人々の間に生まれた水の縁を象徴する。中川運河は、たんなる物流軸でも賃貸ユニットでもなく、共同利用することで活気が生まれ、存在価値が実感される場所として存在してきたのである。とすれば、その未来は、コモンズとしての運河を利用する多様な主体に通う関係、つまり一種の公共圏としてのポテンシャルを開発することを抜きには考えられないのではないか。

関係性の継承と進化

さて、空間コードの考え方をひと通り述べたところで、都市再生という実践的課題に立ち戻って、空間コード応用の可能性を考えることにしよう。そのための議論の端緒とするのは、再び俗都市の景観である。

世界遺産登録された歴史地区やテーマパーク化した港湾再開発地区など、都市マーケティングで目玉とされるスポットの多くは、現代人にとってエキゾチックなものへの憧憬や非日常化した過去への郷愁を掻き立てるイメージで満たされている。そこでは、都市空間が伝統の語りを纏い、小ぎれいに身繕いした商品として陳列される。しかし、集客力の観点で入念に計算された空間は、多様な主体のインタラクションによって予期せぬ方向へ展開する可能性を塞がれることで、精気を失った「抜け殻」と化すリスクを負っている。[*16]だから、歴史的街並みも、倉庫・工場が建ち並ぶウォーターフロントも、それを静態的保存や懐古的修復の対象とみるかぎり、持続的な都市再生のエンジンになるとは限らない。

しかし、形態と機能をとりもつ関係性に注目すれば、可能性は大きく広がる。物理的な形態は、固有の時代性と場所性のもとで成立した機能の要請に応えるなかで編み出された。そうしたデザインを必要とする本来の機能が衰退したときに、できることは何だろうか。過去への憧憬がまとわりついた意匠をコピー＆ペーストしたり、かつての生業を時代の流れに抗って死守することは、おそらく最善の選択ではない。筆者らは、都市の「らしさ」をいかし、将来へ繋ぐための重要な鍵は、関係性の再編集にあると考えている。

中川運河では、どこでも荷の積降しができる使い勝手のよい水路に向けて、多くの倉庫・工場が大きな扉を開き、運河に並行する

---

* 15 高村学人『コモンズからの都市再生―地域共同管理と法の新たな役割』ミネルヴァ書房、2012年。
* 16 社会学者の須藤廣は、住民と訪問者の対等で相互刺激的な関係に観光の可能性を託すと同時に、ホストがたんなるサービス労働者と化している現状を観光の創造力を奪うプロセスとして批判的に論じている。須藤廣『観光化する社会―観光社会学の理論と応用』ナカニシヤ出版、2008年。

道路の対面に土地を取得した企業が、道路を挟んで運河側の倉庫敷地を一体利用してきた。そうした空間利用の作法を視覚的に体現するのが、水路と道路の両側に開口部をもち、水面上に大きく起重機を張り出させた建築物である。コンテナ化によって商業港の機能が大規模な埋立地へシフトし、運河に艀(はしけ)が入らなくなった現在、未来へ向けた選択肢は大きく3つある。第一に、都市の歴史を画した産業文化を顕彰する意味で、倉庫建築やクレーンなどの造形を保存すること。第二に、旅客船を定期運行するなどの方法で、交通路としての運河の機能を守ること。そして第三に、水陸の関係性を再解釈し、機能と形態をリノベートすること。本書は、最後にあげた関係性の再編集を戦略の中心に据えるべきという立場にたっている。そして、そうした試みは、水陸の境界に創造力を働かせるアーティスト、水面を水上スポーツやパフォーマンスの舞台とする市民グループなどの活動に象徴されるように、すでに現実のものとなりつつある。

もちろん、これら3つは必ずしも排他的な関係にはない。小浦久子が京町家を「イメージ資源」としたように、運河沿いの倉庫・工場には、中川運河という場所の来歴を伝える強いイメージ力をもつ建物が少なくない。賃借契約期間の満了とともにそれらの多くが建て替えられてゆくなかで、中川運河らしい空間利用の作法を継承し、新しい建築物へ応用するために、少数であっても、直接見て触れることのできる実物が保存されることの意味は大きい。同様のことは、機能についても言える。都心近くに迫る海の玄関口という独特の設定をいかすならば、中川運河をものづくり都市・名古屋の情報発信基地へ進化させ、国内外に向けたイベントの舞台装置として水運を活用する、といった柔軟な発想もあってよいはずだ。

関係性を空間コードとして解釈し、新しい可能性へと翻訳することは、過去のカタチを守ることに比べて、はるかに大きな想像力を必要とする。しかし、そうした作業は、多様な主体の発想によって場所の力を鍛錬しつづけるプロセスとなることで、都市のプロジェクトとしての意味を獲得する。自分を知っているからこそ、未来の可能性への信頼が生まれる。もちろん、多くの人々がかかわる以上、予定調和的というより、不確定要素の多いプロセスとなるのは避けられない。あえて「遊び」のある設定を共有することで、俗都市的なプロジェクトに欠けている場所の自己成長力を引き出す。それが空間コードの考え方である。

空間コード研究の組立て

本書は、空間コードの分析と応用の大きく2つの内容から成り立っている(図参照)。分析の中核をなすのは「第Ⅲ部 中川運河の空間コード」を構成する12のコードであるが、この運河に馴染みのない読者を想定すると、いきなり個別コードの分析に進むのは無理がある。そのため、「第Ⅱ部 中川運河を発見する」を設け、12のコードを**A**〜**C**の3ブロックに大別して各々を概観し、またそれを通じて、中川運河の基礎知識が得られるよう工夫した。3つのブロックは、先に空間コードの考え方を説明した際に提示した着眼点に従って、**A**ランドスケープとしての都市空間、**B**関係性を映し出す景観、**C**新しい公共圏の可能性を

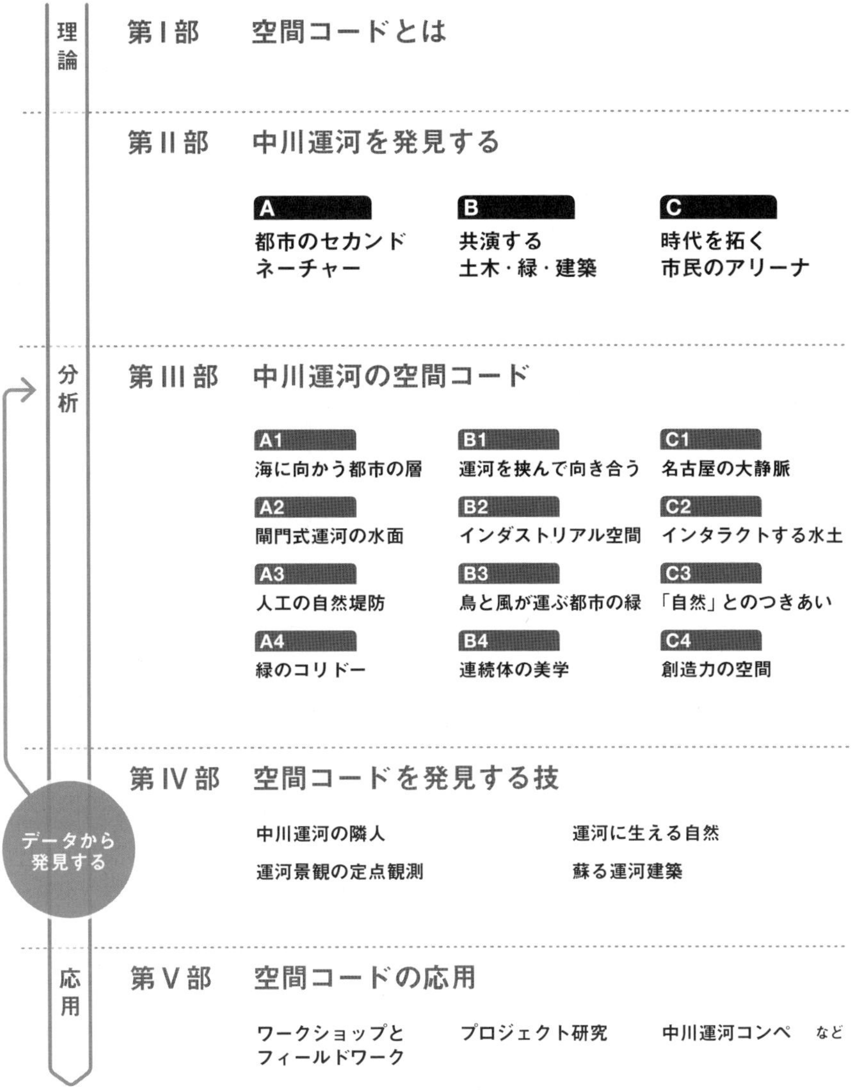

| 理論 | 第 I 部 | 空間コードとは |

| 　 | 第 II 部 | 中川運河を発見する |

A 都市のセカンドネーチャー　**B** 共演する土木・緑・建築　**C** 時代を拓く市民のアリーナ

| 分析 | 第 III 部 | 中川運河の空間コード |

A1 海に向かう都市の層　**B1** 運河を挟んで向き合う　**C1** 名古屋の大静脈
A2 閘門式運河の水面　**B2** インダストリアル空間　**C2** インタラクトする水土
A3 人工の自然堤防　**B3** 鳥と風が運ぶ都市の緑　**C3** 「自然」とのつきあい
A4 緑のコリドー　**B4** 連続体の美学　**C4** 創造力の空間

| 　 | 第 IV 部 | 空間コードを発見する技 |

データから発見する

中川運河の隣人　　運河に生える自然
運河景観の定点観測　　蘇る運河建築

| 応用 | 第 V 部 | 空間コードの応用 |

ワークショップとフィールドワーク　プロジェクト研究　中川運河コンペ　など

図　中川運河・空間コード研究の枠組み

各々の基本コンセプトとした。

　この導入を受けて、分析編と言うべき第Ⅲ部では、個々の空間コードに関する詳細な記述・考察を行う。数式やCAD解析はいっさい登場しない。コンピュータの専門的なツールとしては、土地利用や微地形の分析にGIS（地理情報システム）を使用している程度であり、それらについても、分析結果は専門知識がなくとも十分理解できるはずである。A～Cのブロックは、各々4つの空間コードに分かれる。第Ⅱ部の3ブロックを親コードに位置づけるなら、第Ⅲ部を構成するのは、それらにぶら下がる枝コードである。この関係を視覚化するために、枝コードにはA～Cの記号の後に各々1～4の数字を振った。12の空間コードは、一見すると、バラバラの観点の寄せ集めのように映るかもしれないが、関係性を軸として、ランドスケープと公共圏の視点を組み合わせる基本コンセプトに従っている。

　他方、空間コード研究の基礎としては、理論編にあたるこの第Ⅰ部と併せて、竹中を含む7人の研究チームが数年かけて行ったフィールド調査が重要である。そうした調査の一部を紹介するのが、第Ⅲ部につづく「第Ⅳ部　空間コードを発見する技」のページである。

　研究チームのメンバーは、地理学、環境学、建築、都市計画、都市デザイン、コミュニケーションデザインなど、各々異なる専門の立場から調査方法を提案し、フィールドワークから分析を経て原稿の執筆にいたるすべてを担当した。しかし、いかに広い領域をカバーしたとはいえ、空間コードを発見する営為がわれわれ研究チームの専売特許でないことは明らかである。むしろ、筆者としても、空間コードという方法論の有用性が少しでも多く

の人々に認識され、未知のコードの発見へと繋がることを願っている。そうしたねらいを込めて、空間コード発見の基盤となったフィールド調査およびデータ分析のなかから、インタビュー調査、緑の調査、景観観測、景観復原の4つを抽出して公開することにした。植物群落の調査や写真技術を駆使した景観復原のように、素人では手が出しにくい内容も一部含まれているが、大部分は、特別な知識・ノウハウがなくても実行可能な調査である。

　研究チームとして手の内をあえて見せることには、空間コードの試みに関心をもった人が後から自由に参加できるよう、地ならしをしておく意味がある。空間コードを開かれたプロセスとして提示するという筆者らの考え方は、「第Ⅴ部　空間コードの応用」にも反映されている。この応用編では、まちづくり、建築、都市計画などに関心を有する個人・団体を想定して、空間コードを発見・可視化するプロセスに誘い込む。さらに、空間コードの分析から導き出される中川運河の課題を具体的に例示したうえで、課題をいかに都市の将来像に繋げるべきかについて、新しい公共圏の構築を軸とする試論を提示したい。

コミュニケーションツールとしての空間コード

　最後に、もう一度強調しておこう。空間コードは、建築デザインや景観計画を具体化するためのデザインコードではない。空間コードは、都市の「らしさ」への気づきを与え、多くの人の手でそれを育てるためのツールである。空間コードに触発されて都市にポジティヴにかかわろうとする人々は、自ら発想し、

行動することで、次なる都市の「らしさ」へと繋げるにちがいない。だから、現在という時の断面に視点を置いて都市空間の持続的文脈をとらえる空間コードは、それ自体、時間が経てば変化しうるものである。

　最近の中川運河では、広々とした静かな水面の上で、映像を使ったインスタレーション作品を制作したり、水上ステージでパフォーマンスを繰り広げるといったアート活動が試みられている。映像作品には、運河にゆかりのある人々が映し出されている。場所を提供してくれた運河沿いの事業者が、クチコミで周辺住民にイベントを知らせ、集まった人たちに自ら作品解説をする様子もみられた。国際的に活躍する地元出身のアーティストが積極的にかかわるようになったことも、中川運河の周りに育ちつつある公共圏の可能性を予見させる。こうして、中川運河の風景に触発されたアーティストが運河を舞台に活動を展開し、そこに協力者として、また観客として参加する人々と作品そのものが合わさって、束の間ながら、中川運河の風景の一部となる。いや、今後そうした動きは、創造力を刺激する境界性の空間たる中川運河において、持続的なポジティヴスパイラルへと発展するかもしれない。

　都市空間にとっての空間コードの働きは、風景とインタラクトするアートの関係に似ている。空間コードが都市の変化プロセスに介入しようとするとき、それが意図するのは、視覚的な形象としての景観を規制することではない。空間コードにとって、都市の姿かたちをとらえることは、「らしさ」をつくる関係性にアプローチするための切り口として重要であるが、そうした関係性を視覚的に映し出す建物や街路、緑、空地などの形態を先回りして決めることではない。伊藤香織らは、都市に対する思い入れを意味するシビックプライドを論じるにあたって、デザインすべきはシビックプライドそのものではなく、シビックプライドを醸成するためのコミュニケーションであると述べている。[*17] この表現に着想を得るとすれば、空間コードは、「らしさ」を継承・進化させるためのコミュニケーションツールだと言ってよいだろう。

　グローバル競争の勝ち組とされるひと握りの都市と一見華がないように感じられる普通の都市。マジョリティをなす後者では、手詰まり感のなかで焦りだけが先行し、再生の方向性を決める町のとりえが見出せていないことが非常に多い。再生の出発点は、時空間がおりなす場所に積層する「らしさ」を見定め、可視化することにある。そこから、人と場所のかかわりに新たな動機づけを見つけ出す共同作業が始まる。本書は、名古屋・中川運河という実践の場に軸足を置いて、空間コードから都市共創のあり方を展望する試みである。

---

*17　伊藤香織・紫牟田伸子監修／シビックプライド研究会編『シビックプライド―都市のコミュニケーションをデザインする』宣伝会議、2008年。

中川運河の概略

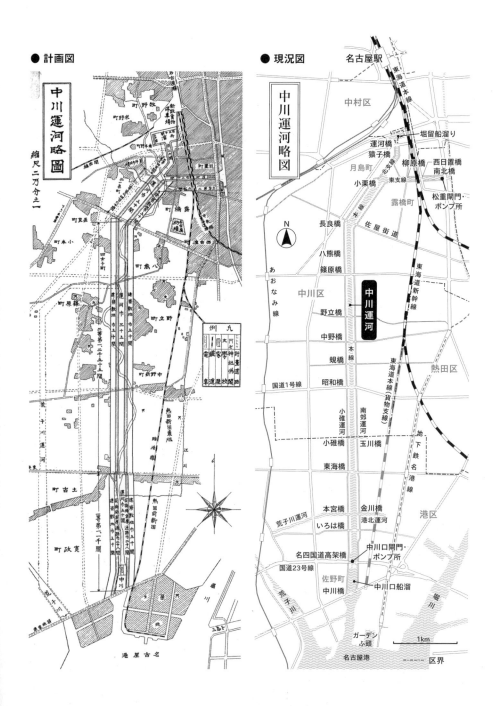

第II部
中川運河を発見する

A 都市のセカンドネーチャー
B 共演する土木・緑・建築
C 時代を拓く市民のアリーナ

中川運河Y字ゾーン：1965年頃

A

都市のセカンドネーチャー

自然と人工の出会いが生んだ「環境」

東洋一の大運河

　中川運河は、名古屋市の都心南部と名古屋港を結ぶ運河であり、全区間にわたって名古屋港の一部をなす港湾地区に指定されている。運河の主要部分を構成するのは、本線（中川橋〜小栗橋：約6.4km）のほか、小栗橋でY字に分かれる北支線（小栗橋〜堀留：約0.7km）と東支線（小栗橋〜松重閘門：約1.1km）の合わせて3区間、約8.2kmである。1924（大正13）年の名古屋市・大運河網計画では、名古屋港を中心として、中川運河のほか荒子川運河、山崎川運河、大江川運河を放射状に配置し、江戸時代初期に開削された堀川と合わせて計5本の運河を横堀で繋ぐことを想定していた。中川運河の東

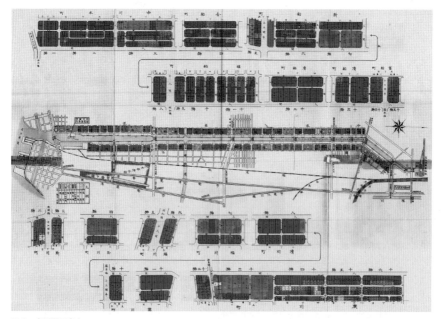

図1　中川運河案内
1937（昭和12）年版の「中川運河案内」に付された大判図。運河開通後7年が経過したこの時点でも、都市計画道路の外側に造成された建築敷地約27万坪のうち、およそ半分が未売却だった。表面の説明には、「分譲地御視察の場合は市の自動車で御案内致しますし、御用の節は電話かハガキを下されば直ちに係員が参上して詳細に御説明申上げます」とある。

西に突き出る4本の横堀（南郊運河、小碓運河、港北運河、荒子川運河）は、1980年代以降の埋立てによって大幅に縮小したとはいえ、完成をみず頓挫した大運河網計画の壮大さを今に伝える遺構となっている。

中川運河の計画は、名古屋が近代産業都市として跳躍しようとする時代に生まれた（図1）。1907（明治40）年の名古屋港開港に続き、1921（大正10）年に隣接16町村を編入した名古屋市は、市域面積を一気に4倍に拡大させ、1925（大正14）年の国勢調査では、大阪市、東京市に次いで全国第3位にあたる人口76.9万人を数えた。そうしたなか、1930（昭和5）年、中川運河本線が完成し、2年後には、支線部を含めて全線開通となった。当時、笹島交差点付近にあった名古屋駅の南側には、堀留に隣接して貨物専用の笹島駅が開設され、都心の貨物輸送基地が中川運河を介して名古屋港と直結されることになる。また、中川運河と堀川が松重閘門（図2）を介して連結され、水運網としての利便性がさらに高まった。

しかし、中川運河は、たんなる都心と港を結ぶ連絡水路ではない。全区間にわたる港湾地区と先に述べたように、中川運河の両岸は、それ自体が港湾施設としての機能を備えてい

る。護岸から20間（約36m）は物揚場・倉庫敷地として整備され、運河に並行する都市計画道路を挟んで反対側には、奥行き50間（約91m）もの建築敷地が設定された。したがって、中川運河の利用価値は、名古屋港に出入りする船舶と笹島に停車する貨物列車の間で円滑な荷の移動を可能にしたことだけでなく、むしろ、港湾施設を備えた産業用地として両岸がデザインされたことに多くを負っている。そこに、当時「東洋一の大運河」と喧伝された中川運河がもつ、都市デザインとしての重要な側面をみることができる。

利用価値を高める仕掛け

物流インフラと産業用地が一体化した港湾地区をなす中川運河は、土木構造物としての運河や両岸を含むインフラの設計の面でも、周辺一帯の土地条件との関係性に規定されたユニークな特徴をもつ。

中川運河を訪れた人の多くは、静かな水面の上に広がる風景の雄大さに感銘を受けるだろう（図3）。水面の落ち着きは、閘門で両側を仕切られ自然の水流がないことに起因している。中川運河が開かれた名古屋南西部では、

図2　松重閘門

図3　長良橋付近から見る中川運河

縄文海進後の海水面低下によって陸化した低地の南側に近世江戸期の干拓地が続く、広範なゼロメートル地帯をなしている(図4)。そのため、運河建設にあたっては、名古屋港の平均海水面よりも低い位置に運河の基準水面を設定し、中川口閘門によって水位差を埋める必要があった。同様に、海から連続する感潮域をなす堀川も、中川運河より水位が高い。両者の橋渡しの役割を果たすのが松重閘門である。

さらに、閘門による一定水位の維持は、水面からわずか60cmほどの位置に護岸天端を置くという、今日で言う「親水性」がきわめて高い空間デザインを可能とした。風が吹かなければ、時折跳ねる魚やカワウ以外に乱すものがほとんどない運河の水面は、護岸の上に立ち上がる風景や空模様を映し出す鏡のような働きをする。これに90mに及ぶ幅員の大きさが加わり、市街地では稀有な雄大かつ静謐なパースペクティヴがもたらされる。

他方、名古屋の都市計画は、土地区画整理事業の歴史と言っても過言ではない(図5)。中川運河両岸の土地は、開削土を盛ることで低湿地の土地改良をはかる「運河土地式」で区画整理された。これが中川運河のインフラ設計を特徴づける大きな要因となっている。閘門によって外洋から遮断された運河は、本来、堤防施設を必要としない。しかし、干拓地への掘込みによって開削された中川運河にあって、盛土による嵩上げは、土地条件の改善と

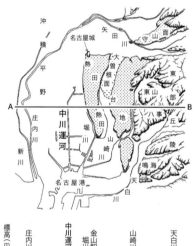

図4　中川運河と名古屋の地形環境
上図のA－Bの地形断面を下図に示した。

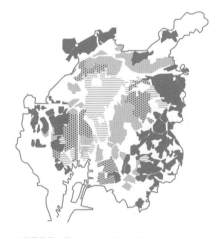

公共団体等の施工による土地区画整理
　1946（昭和21）～1981（昭和56）年

民間施工による土地区画整理
　耕地整理法による土地区画整理
　　1899（明治32）～1931（昭和6）年
　旧都市計画法と耕地整理法による土地区画整理
　　1919（大正8）～1955（昭和30）年
　土地区画整理法による土地区画整理
　　1955（昭和30）年～

図5　名古屋の土地区画整理事業
本図には、1990（平成2）年までの状況が反映されている。

いう大きな付加価値を与えることを意味した。開削土の処理と土地改良を一度に実現する土地区画整理方式のおかげで、中川運河の両側には、同時に造成された都市計画道路を背骨とする細長い微高地が現れることになる。通常の河川の堆積物が生み出す自然堤防に対して、中川運河は、いわば「人工の自然堤防」を備えた産業インフラなのである。比高数メートル未満のわずかな高みとはいえ、1959（昭和34）年の伊勢湾台風発生時には、冠水した市街地に残された安全帯のごとき、高い防災性能を発揮した。

水陸両軸が規定する土地利用

細長いプールのような構造を有する水路と人工の自然堤防の背骨をなす道路。そうした水陸両軸の存在は、両岸の土地利用に対しても、大きな規定要因として働いた（図6）。

護岸と道路の間は倉庫敷地と呼ばれる名古屋市の土地で、名古屋港管理組合のもとで港湾関係事業者に賃貸されてきた。とはいえ、運河開鑿後、間もない時期からここに多くの倉庫・工場が建ち並んだわけではない。中川運河の計画には、両岸合わせて100箇所もの共同物揚場の整備が盛り込まれたため、倉庫敷地の相当部分は、物揚場の機能と直結した資材置場などの用途に使われたようである。実際、中川運河は、陸上交通と外航船を中継ぎする艀にとって、実に使い勝手の良い「細長い港」だった。運河の出入貨物量は、戦時の落ち込みを挟んで伸びつづけ、1960年代前半に年間約350万トンのピークを迎える。

しかし、ちょうど同じ頃には、トラック輸送の台頭による水運から陸運への転換が着実に進んでいた。正確にいえば、貨物輸送のコ

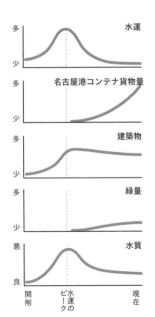

図6 中川運河の環境変化模式図
中川運河の環境変化は、水運の盛衰を基準に考えると理解しやすい。艀を使った中川運河の水運は、名古屋港のコンテナ埠頭の発展と反比例するように衰退していった。他方、倉庫敷地の倉庫・工場は、水路・陸路両方の利用を考えて立地したが、水運衰退後は、陸路のみと繋がる事業所が多くなった。水運の衰退によって遊休化した護岸地では、自然生えの植物がまとまった群落をなすまでに生長している。水質については、高度経済成長期以降に全国的に進展した環境対策と中川運河における水質浄化の取組みの結果、最悪だった時期に比べると相当な改善がみられる。図の作成にあたっては、図7、図8に示した統計データとともに、関連する空間コードの分析を土台としたが、水運のピークよりも前の建築物や水質の変化などについては、筆者らの推定による部分も少なくない。

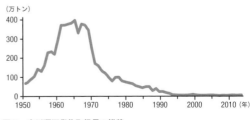

図7 中川運河貨物取扱量の推移

ンテナ化により、大規模な埋立地に整備されたコンテナ埠頭へと商業港の機能がシフトし、船舶とトラックの間で効率的な荷の積降しが行われるようになったということである。以後、艀の仕事場たる中川運河の必要性は急速に失われていった（図7）。そして早くも1968（昭和43）年には、松重閘門が閉鎖される。

逆説的なことに、水運の衰退は、陸運軸としての中川運河の便利さを浮き彫りにすることになる。建築敷地を購入して倉庫・工場を建てた企業は、しばしば、道路を挟んで向かい合う倉庫敷地を賃借して、そこに新たな社屋を建てた。また、物揚場・資材置場としての倉庫敷地の遊休化が進んだことにより、賃借により新規立地する中小の事業所も続々と現れた。中川運河の際立った特徴というべき護岸上に倉庫・工場が建ち並ぶ景観は、こうした物流変化のなかで顕在化していったのである。もちろん、水運の利用が最初から放棄されていたわけではない。また、運河側の開口部は風通しの確保に大きな効果をもつ。これらの要因が合わさって、道路・水路の両サイドに口を開いた個性的な空間デザインが出現した。

水運の衰退が開いた可能性

さて、貨物輸送に果たす水路の役割が失われる一方で、水陸の境界には、新たな中川運河の「らしさ」というべき関係性が育ちはじめた。それらは、産業空間としての中川運河の性格を打ち消すことなく、むしろ運河の過去の履歴と絡まり合うことによって、独自の色合いを醸し出している。とくに顕著なのが護岸地における緑の増加である。

中川運河が開削された当時、名古屋南西部の低湿地には田畑が広がり、集落はわずかな高まりをなす自然堤防上に立地していた。耕地を細長く掘り込み盛土した「くね田」、それをさらに畝立てしてつくった畑地、耕地の合間を縫う畦道と脇に自生した葦。そうした生産緑地中心の風景のなかに中川運河が一直線に延びていた。しかし、戦前・戦後の土地区画整理事業を下敷きとして、1960年代の高度経済成長期には宅地開発と工場立地が進み、田畑は急速に失われていった。

水運衰退後はどうか。荷作業がほとんど行われなくなった護岸地では、近隣の公園・社寺林などから鳥や風によって運ばれた種子が芽生え、いつの間にか植物群落の体をなしはじめた。中川運河という産業インフラのなかに予期せずして現れた帯状の植物群落は、緑被地を失いゆく名古屋にとって、一脈の「緑のコリドー（回廊）」というべき存在ではないか。かくして、護岸地に繁茂する木々は、欠かすことのできない中川運河の風景の一部へと進化していった。運河の大水面は、緑に縁取られた水盤となったのである。

他方、波を立てながら行き交う船はごくわずかとなり、今では、道路側の喧騒とは対照的な静けさが水辺空間を支配している。日が暮れると、都心近くにいるとは思えない、ひっそりとした闇に包まれる。そうした静けさは、元来の機能を失った空間に大きく生長した樹木の存在と相俟って、中川運河の風景に対する人々の新たな感性を呼び覚ました。雲の形の一つひとつまで映る銀盤のような水面は、中川運河を対象化した映像作品に強いモチーフを与え、アートイベントの舞台装置として注目されている。さらに、幅員が大きい直線水路という中川運河の特性が、水上スポーツのような新しい水面利用の可能性を開いた。

そうしたなかで、中川運河の水質（図8）が問題化されていったのは、高度経済成長期以降の環境意識の高まりを背景とするものである。

しかし同時に、中川運河を一つの風景として眺めるようになった市民の目線の変化による部分も大きい。開削当初は、子どもが飛び込んで遊んでいたという。そうした記憶を背負った運河の水質改善に向けた試みは、1937（昭和12）年の松重ポンプ場開設運転開始に遡る。堀留および東支線からの取水を地下導水管により堀川・新堀川へ送る水循環は、のちに名古屋市長を務めることになる杉戸清の発案によるものである。伊勢湾の水を取り込むという通常の河川では考えがたい水循環は、干拓地に掘られた「細長い港」たる中川運河でこそ、空間デザインとしての説得力と必然性をもちうる。水質改善をめぐっては、露橋水処理センターの機能高度化をはじめ、さまざまな技術的改良が工夫されている。しかし、海魚が生息する港湾水域であるからこそ、海水循環という先達の残したユニークな発想を継承・発展させる知恵も必要ではないか。

セカンドネーチャーとしての中川運河

中川運河は、川なのか、人工水路なのか。それとも、別の性格をもった水辺空間なのか。開削から1世紀近くを経て、中川運河の未来を展望するとき、そうした最も基本的な問いが重みをもつ。

運河が開削される前、この地には中川（笈瀬川）という川がよろめいたカーブを描いて流れ、人々は古い河道が残した島状の自然堤防上に住んでいた。中川運河は、生態系に寄り添う伝統的な生活・生業が卓越する土地に、突如として不釣合いなほど直線的なパースペクティヴを持ち込み、土地利用を高度化する人工装置だった。しかし、時代の経過とともに田畑は市街地へ様変わりし、その一方で、水運が衰退した運河には豊かな緑が育った。

中川運河を都心と伊勢湾の間に広がる広い地域のコンテキストに置いたとき、そこには、緑被地の移り変わりに象徴されるダイナミックな生態-社会関係の有り様をみることができる。とすれば、人工水路として出発した中川運河は、産業都市・名古屋にとっての広義の環境の一部、すなわち「セカンドネーチャー」（第二の自然）に成長したと言えるのではないか。自然の河川にはない穏やかな水面の佇まいとその上に大きく張り出した自然生えの木々という、なんとも逆説的な取り合わせは、中川・運河なる、それ自体矛盾含みの名前を与えられた場所のなかで易々と結びつき、一つの風景をなしているのである。

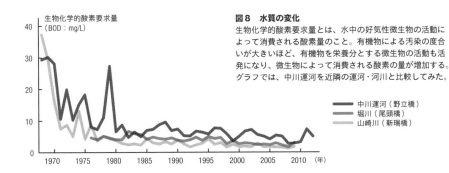

図8 水質の変化
生物化学的酸素要求量とは、水中の好気性微生物の活動によって消費される酸素量のこと。有機物による汚染の度合いが大きいほど、有機物を栄養分とする微生物の活動も活発になり、微生物によって消費される酸素の量が増加する。グラフでは、中川運河を近隣の運河・河川と比較してみた。

B
共演する
土木・緑・建築
帯状構造のなかに現れる
景観のリズム

限られた視点場

　市街地を流れる河川や港湾エリアに整備された水路では、多くの場合、洪水防止を目的とする高い堤防が設けられている。しかし、中川運河には堤防がない。両岸は建設時の掘削土を薄く盛っただけで、ほとんどの人がこの微高地の存在に気づかない。また、河川堤防上には、しばしば道路が敷設されているのに対して、中川運河の両岸に道路はない。運河と一体で整備された都市計画道路は、倉庫

チャート❶
中川運河の景観構造と景観要素

A　水土を結ぶインターフェース
中川運河では、護岸と水面の距離が近い。護岸沿いに帯状に建つ倉庫や工場は、水と土、水運と陸運を結ぶインターフェースとして機能している。

B　限定された視点
中川運河を見るための視点場は、橋の上、護岸上、船からの３つである。現在、水運はほとんど機能していないので、水面が見える場所は事実上、橋と護岸のみとなる。

C　限定された景観要素
中川運河の景観の基底をつくるのは、水面と護岸である。運河沿いの建物は、倉庫と工場によって大部分占められる。また、開削から長い年月を経て、当初はなかった植物が護岸沿いに分布している。

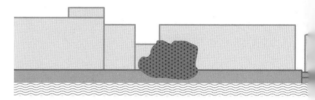
護岸 ①

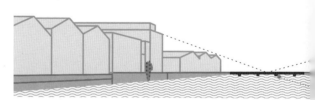
橋梁上

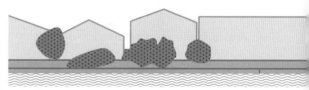
護岸 ②

敷地を挟み、数十メートル陸側を走っている。こうした土地利用は、名古屋港の一部をなす港湾地区として中川運河が整備されたことに条件づけられている。

幅広の水路にして、両岸に堤防と道路がない。護岸に沿った土地利用は、制度的にコントロールされている。それゆえに、中川運河を見るための視点場は、橋の上と護岸上にほぼ限定される。景観そのものの構造を大きく規定しているのも、同じ一連の条件である。インフラストラクチャーとしての水面と護岸が基底をつくり、護岸上に建つ建築物・工作物、植物などの景観要素が組み合わさることで、中川運河の景観をかたちづくっている。運河沿いの倉庫・工場に挟まれた空地、長大な運河を分節する橋、そして倉庫・工場の背後に見える市街地の高層建築の存在も、見逃すことができない。

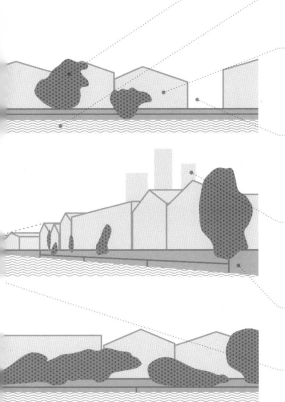

植物 独自の植物相を形成し、人工的な運河景観に緑のアクセントを与えている。建物壁面のテクスチャーに絡み、両者が景観の主景をなしている。

水面 対岸から見た景観の底部に位置し、パースペクティヴの主景として運河景観を特徴づける。水面は、風などの条件次第で鏡面として働き、護岸から上の景観を反転して映し出す。

建築物・工作物 倉庫や工場の壁が景観に面的な要素を与えている。一部の倉庫には、水運に使われたクレーンなどの工作物が残る。燃料タンクなどの構造物もところどころに現れる。平屋が多く、一般民家などに比べれば階高は大きいが、15m以下が大多数である。

空地 中川運河沿いには空地も多い。開削当時は、物揚場として空地が確保されたが、現在では、大部分がトラックヤードなどの駐車スペースである。運河側から見ると、建物に挟まれたヴォイドをなす。一般市民にとって、運河景観にふれられる数少ない場所の一つである。

背景 周辺市街地に高層建築がある場合は、それらが運河沿いの建築物の屋根越しに見える背景となる。多いのは近隣のマンションであるが、運河を北上するにつれて、名古屋駅周辺の超高層ビル群を遠景に、笹島地区の再開発ビルなどが際立つようになる。

護岸 中川運河では、護岸と水面が安定した景観の基底要素をなしている。護岸は、水と陸の境界線であると同時に、パースペクティヴの構図を規定する基準線でもある。

橋 橋は、中川運河の主要な視点場である。一つの橋から別の橋を見ると、パースペクティヴの中心、消失点付近に位置する。しかしながら、ほとんどの場合は橋どうしの距離が大きいため、存在感はさほど大きくない。

橋からの景観

　中川運河を見る視点場として、橋の上は最も一般的なものである。中川運河では、艀をはじめとする背丈の低い船舶の航行しか想定されていない。そのため、運河開通当初に建設された橋は桁下3〜4mにすぎない。橋の中央に立つと、グライダーで超低空飛行するかのように、水面を遠方まで見通す一点透視の構図が得られる。水面を挟んで両側には視点とほぼ同じ高さで倉庫・工場が連なり、それらの屋根越しに後背地の高層建築物が見える。

　このように、中川運河では都市を見渡すパノラマ的な景観が得られ、しかも橋ごとに様相の変化が楽しめる。通常なら、超高層ビルや展望タワーの専売特許となりそうな景観が、わずか数メートルの低い位置から得られる。これは中川運河の大きな特徴ではないか。

　他方、運河は水上輸送のための路としてつくられたが、陸上交通の観点からすれば、道路網を分断する要因になる。住宅地を走る細い道路は運河に並行する都市計画道路で行き止まりだから、その分、対岸へ渡ることを許された幹線道路の存在が際立つ。水上交通と陸上交通の立体交差点たる橋は、中川運河沿いの景観に分節点を提供することで、都心から港まで連なる都市を日々経験する人々にとって、知覚認知の支えになっていると言えるだろう。

チャート❷　橋からの景観

A　パースペクティヴ
水面が近いため、視線は護岸とほぼ平行になる。数キロメートルにわたる直線的な水面は、中央付近に消失点をもつ壮大なパースペクティヴを構成する。水面を挟んで両側に、建築物・工作物の帯がほぼ同じ高さで立ち上がる。

B　視点の低いパノラマ
運河沿いの建築物・工作物は、機能的な理由から、高さ15m以下がほとんどである。このため、倉庫・工場の屋根越しに住宅・マンション等が建つ市街地の周辺状況が見え、北方向をのぞむと、遠景に名古屋駅前の超高層ビルが控える。視点の低いパノラマというべき、3次元的広がりを感じさせる景観である。

C　都市の断面
延長8.2kmにおよぶ運河沿いの景観は、港湾地区という意味では同質的なものである。しかし、背景に見える建築物からは、周辺市街地における土地利用の変化を読み取ることができる。この意味で中川運河は、名古屋中心部から名古屋港に至る南北軸に沿って、都市の断面を露わにしていると言える。

チャート ❸
橋から見る中川運河

中川運河には、荒子川運河などの横堀を除いて、16の橋が架かっている。都心から河口へ下ると、背景の高い建築物が減少し、視界が開けてくる。反対に河口から都心へ上ると、周辺市街地のマンションなどが増え、やがて名古屋駅周辺の高層ビル群が近づいてくる。名四国道高架橋の写真は、中川口緑地から撮影した。

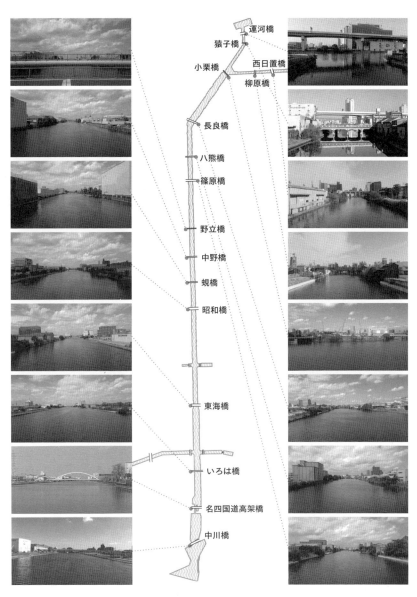

護岸からの景観

　中川運河のディテールを把握するには、対岸を真直ぐ見ることのできる護岸上が最高の視点場となる。一般市民が護岸に近づけるのは空地などに限られる。しかし近年では、このような空地を会場として開催されるイベントが増えており、運河の水面や対岸を舞台装置・背景に組み込む趣向をとるものもある。

　街中にいることを忘れるほど沈着した雰囲気は、石、コンクリート、鉄、スレートなど、建造物に使われている素材の質感や色彩によるところが大きい。機能的な合理性の追求がもたらした地味な建造環境のなかで、いつの間にか育った植物の緑が映える。

チャート ❹ 護岸からの景観

A　平面性
直線的な中川運河では、対岸が屏風のように立ち上がる。運河沿いの建築物は、護岸近傍のほぼ同じ位置に壁面を連ね、そのなかに緑が散在する。わずか数メートルの厚みのなかに、対岸の景観要素のほとんどすべてが配置され、書き割りのような平面性を帯びる。

B　四層構成
「護岸の帯」を挟んで、下に「水面」、上に「建築物・工作物・空地」「空・背後の高い建築物」の四層構成になっている。倉庫や工場は、屋根形状の違いこそあれど、ほぼ同じ高さに揃っている。水面が穏やかなときには、上下反転した景観の帯が連なる特徴的な景観となる。

C　帯とリズム
水平方向に長い帯状の風景が何キロメートルにもわたって続く。船に乗って運河を航行すると、この帯が両岸を流れ、あたかも絵巻物のような風景が展開する。建物の形状や間口の大小、間に挟まる空地の存在によって、景観の連続体にリズムが生まれる。

帯状構造の束

　帯状の景観は、平面配置にも表れる。護岸と道路に挟まれた奥行き30m余りの敷地には、多くの倉庫や工場が建てられている。奥行きの小さな土地を最大限活用しようと、しばしば幅いっぱいに建てられている。水運が盛んだった時代には、水陸両側からアクセスしやすくする意図もあっただろう。しかし、近年ではトラック輸送が主流のため、建物を運河側または道路側に寄せ、空いた空間にサービスヤードを設ける事例も多く見受けられる。

CODE B

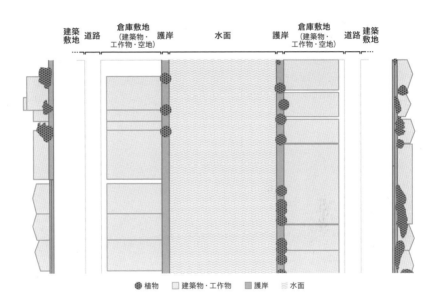

チャート❺　空からの景観ダイヤグラム

A　帯状配置
水面を挟んで、護岸・敷地・道路のつくる帯状構造が束をなす。護岸地の奥行きは最大5m程度、敷地は30m余りしかないので、狭い範囲に多くの景観要素が密集している。

B　まだらな密度
建築物の密度は、場所によって大きく異なる。密度の高いエリアでは、水運が盛んだった頃に敷地いっぱいに建てられた倉庫が軒を連ねている。一方、密度の低いエリアでは、多くの空地が駐車場として使われ、トラック輸送の拠点となっている。

C　用途の一貫性
周辺市街地の土地利用がわずかな距離で大きく変化するのに対して、中川運河沿いの倉庫敷地の用途は港湾・運輸関係で一貫している。それゆえ、現代の都市では珍しく、長い距離にわたって同一パターンの景観が続く。

C

時代を拓く市民のアリーナ
水陸の境に紡がれた人間活動

水の縁で結ばれた町

　1924（大正13）年、名古屋港を機能強化し、産業発展を支えることを目的として、中川運河の開削が都市計画決定された（図1）。竣工以来、無数の艀が往来した運河は、太平洋戦争下の落ち込みを経て、1960年代前半に水運のピークを迎える。

　都心近くまで真直ぐ延びる水路の両側には、中小の物流・工業事業所が立地し、そこで働く人々の多くは近隣エリアに住んでいた。同じ港湾地区とはいえ、中川運河は大規模工場が建ち並ぶ臨海部とは違う。運河近隣は、やがて水の縁で結ばれた町としての個性を帯びることになる（図2）。これを象徴するのが、19

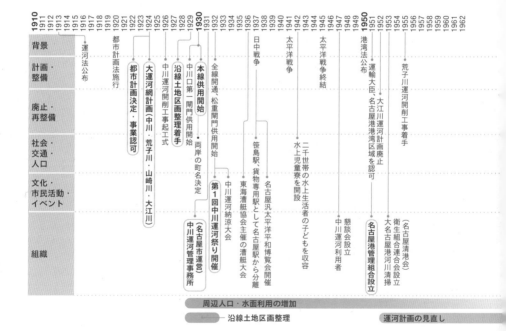

図1　中川運河の百年

60年代半ばまで存在した「水面町」である。運河に係留された艀の乗り手やその家族たちは、陸上の商店にとっても大事な顧客だった。

しかし、1960年代も後半になると、陸運中心への交通体系の転換により、水運の軸としての中川運河の遊休化が目立ちはじめる。

これを受けて、松重閘門の使用廃止、中川運河に接続する荒子川運河計画の廃止、横堀の埋立て・公園化など、計画の見直し・転換が行われた。1980年代以降は、中川運河再整備の方向性が模索され、これまでに、「中川運河整備基本計画」（1993年）と「中川運河再生計

図2　中川運河の記録写真から
左　中川運河開削起工式（1926年）　　中　艀で働く人々（1955年頃）　　右　中川口第二閘門開通式（1963年）

画」（2012年）に具体化されている。

中川運河の百年を振り返るとき、静謐な水面が放つ存在感とともに、水陸の境に紡がれた人間活動に思いを寄せずにはいられない。それは現在も塗り重ねられている。産業港の機能が大規模埠頭へとシフトするなか、都心と港の間に最適立地を見出す倉庫業、町中から出る端材・廃材を活用する小工場、住宅地と共存する高付加価値財の製作所など、中川運河にこだわりをもつ事業者は少なくない。他方、水運の衰退とは裏腹に、中川運河に新たなポテンシャルを見出す動きが市民の間に芽生えた。水上スポーツやアート活動がその代表である。

以下、中川運河における人間活動の遍歴を少し詳しく検討してみよう。

水域と陸域をとりもつ空間デザイン

中川運河の両岸に建ち並ぶのは、名古屋港管理組合から土地を賃借した事業者が建てた倉庫・工場である。合間をなす空地は、露天の資材置場やトラックヤードとして利用されている。それらは、水路と陸路の間のやり取り、つまり水土のインタラクション（相互作用）のための装置として機能してきた（図3A）。船から陸揚げされた積荷は一時保管され、必要な場合は加工を経て、陸送用に再パッケージされる（図4）。あるいは反対に、陸路から水路へと荷が積み出される。平行クレーンで積降しを行うために、倉庫敷地とともに水面利用権を借り受ける事業者も少なくなかった。

1970年代以降、中川運河の水運が衰退すると、水路との繋がりが失われ、陸路からの出入りのみとなってゆく（図3B）。しかし、水際に開かれた大きな扉や水面上に突き出たクレーンのように、かつての水土の関係性を今日に伝える要素が数多く残されている。とりわけ、規格の異なる水運と陸運の間でモード転換を行う必要性は、運河と道路の両面に開口部を設けるユニークな建築を生み出した。こうしたバッファゾーン（緩衝地帯）の空間デザインは、中川運河が継承すべき貴重な資産の一つに位置づけられるべきものである。

中川運河が有する建造環境としての特性を継承・発展させるには、水域と陸域の相互作用のように、「らしさ」の根底にある関係性を適切にマネジメントすることが必要となる。もちろん、単体の建築物でも十分に歴史的価値を有するものは、建替えや新規施設のデザインを決定する際に、直接ふれ、着想を得るイメージ資源としての希少性を有する。重要なのは、その活用を表面的な形態規制に矮小化させないことであろう。水陸に開かれた「両A面」の倉庫空間を、新しい事業モデルの構築へと応用する発想が求められている。

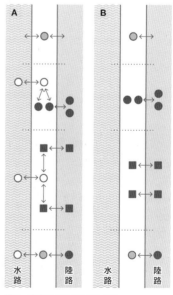

図3 水土のインタラクション

人々の同時多発的なかかわり

他方、水陸の境界線をなす護岸地では、人間活動の減少とは裏腹に自然の営みが存在感を増していった。現在では、建物やクレーンに寄り添うように育った木々が、中川運河の景観の大きな特徴をなしている（図5）。植物群落の発達が最も顕著なのは、護岸改修で築造された張出し護岸である。これは、事業者に貸し付けられる倉庫敷地とは違って、名古屋港管理組合の直接管理下にある。また、開削当初の古い護岸が残っている区間でも、倉庫敷地に建つ建物と水際のわずかの隙間に生えた木々が、水面上に枝幹を大きく伸ばしている。

こうした中川運河の植物は、もちろん原生的な自然ではないが、人工的に整備された植栽とも異なる。運河の隣人たる事業者たちが、自らの仕事場を取り巻く水辺空間に自然のうごめきを感じ、それと「つきあう」ための作法を意識的・無意識的に編み出してきたからである。水辺が倉庫裏として放置され、ワイルドな植物群落が発達しているかと思えば、入念に手入れされ、事業所の裏庭のようになっている場所もある。また一部には、働く人々の癒しの空間とすべく、園芸植物や果樹を植栽するなどの行動がみられる。

中小企業が集まる中川運河だからこそ、植物を手入れするか否かをめぐって、多様な態度が成立しうる。敷地内や護岸地の植物が人の目にふれることを意識するかどうかも、事業者によって異なる。結果として、自然生えの群落と整備された緑が数珠繋ぎをなす、稀有な「半自然」の景観が現れた。これを可能としたのは、中川運河という大きな器の存在、そしてそのなかでの緩やかな管理の仕組みである。働く人々に潤いを与え、対岸や橋の上の人にとっても楽しめる運河の緑は、同時多発的な主体のかかわりから生まれた。そうした「自然」とのつきあいを人々の繋がりへと進化させることはできないだろうか。

「水縁」の新しいかたち

陸上の生き物たる人間にとって、水陸の境界は、同時に日常と非日常の切替えの意味をもつ。人夫たちが荷役に汗を流した水際は、祭りの日が来ると、運河の隣人が水との結びつきを確認し、その恵みを祝福する空間に変わった。開通直後に遡る歴史をもつ中川運河

図4　道板を使った艀・倉庫間の荷役

図5　役目を終えたクレーンと自然生えの樹木

祭り（図6）は、都心寄りの上の宮と港に近い下の宮の氏子たちが、運河に浮かぶ艀をメイン舞台として水の縁を取り結ぶイベントである。その後、水運が衰退し、艀を使う祭りはなくなったが、水面の利用は、新しい人の繋がりを育みつづけている。1980年代には、中川運河に集まった人々が櫂を合わせて快進する、ボート競技大会が始まった（図7）。

産業の動脈としての役割を終えて半世紀近くが経った現在、伊勢湾奥と名古屋の都心を結ぶ「細長い港」たる中川運河は、宅地・商業地のなかに挿入されたタイムカプセルのごとき様相を呈している。無機質な建造環境のうちに、社会システムに包摂されない危うい空気が漂う。中川運河のこの雰囲気が、戦後10年の大阪を舞台とする映画、「泥の河」（1981年）の撮影場所を探していた監督・小栗康平の心をとらえた。いみじくもこの作品は、水陸の狭間に創造力が芽生える境界性の空間として、中川運河の可能性を予見させることになった。

2010年代に入ると、「中川運河キャナルアート」の活動を契機に、この運河に注目するアーティストが続々と現れる。2013年には、地元企業からの寄付を原資とする名古屋都市センターの「ARToC10」事業が、中川運河における現代アート活動への助成を始めた（図8）。運河の風景を人々の姿とともに記録し、水面上のスクリーンに映し出す「中川運河映像アーカイヴプロジェクト」（代表・伏木啓）。地元と繋がりのあるキャストが中川運河の物語を演じる短編映画の制作（シネマスコーレ）（図9）。そこに新しい「水縁(すいえん)」をみることもできるのではないか。

公的マネジメントから公共圏の構築へ

さて、さまざまな視点から中川運河を概観してみて思い至るのは、供用開始から現在まで一貫する、運河空間の公的マネジメントが

図6　第1回中川運河祭り（1932年）

図7　中川運河ドラゴンボートレース大会（2012年）

果たした役割の大きさである。それは、交通路としての運河の管理に限られない。水面から倉庫敷地を経て道路反対側の建築敷地に至る一体的な空間利用、倉庫・工場と水面に挟まれた隙間空間に育つユニークな植物群落、事業者の試行錯誤から編み出された水陸の仲立ちのデザイン等々。それらすべては、水面から両側の道路までを市有地とし、倉庫敷地と水面利用権を事業者に賃貸する公的な管理システムを抜きには成立しえなかっただろう。名古屋市が当初取り入れたこの仕組みは、1951（昭和26）年、愛知県と名古屋市が設立した名古屋港管理組合に継承され、今日まで連綿と続けられている。

都心と港を真直ぐ結ぶ軸が公有地として維持されているという稀有な状況は、そのまま、中川運河が有する重要な資産であり、可能性でもある。多様な主体が関係を結ぶことで成立する都市空間において、何を過去から継承すべきか、かたちを変えながら発展させるか

という問いに答えることは、市民の共有財産を見極めるための共同作業を必然的に意味するだろう。そうした一種の公共圏を創出する試みにおいて、時代を拓く市民のアリーナたる中川運河は恰好の実践場ではないか。

むろん公共性とは、緑地や公園のようなオープンスペースに限られるものではない。産業活動をイノベートし、対外発信するための仕組みづくりができれば、それは、ものづくり都市・名古屋にとって重要な公共的価値をもつことだろう。アーティストの活動が多くの市民に対して文化へのアクセスを開くものならば、それも公共性の重要な側面ではないか。中川運河の公的マネジメントを新たな公共圏の構築へと進化させる時代が来ている。

図8　中川運河 ARToC10（2014年）

図9　「Filmusic in 中川運河・夏」の撮影風景（2015年）

都市に埋め込まれた水・緑のかたち

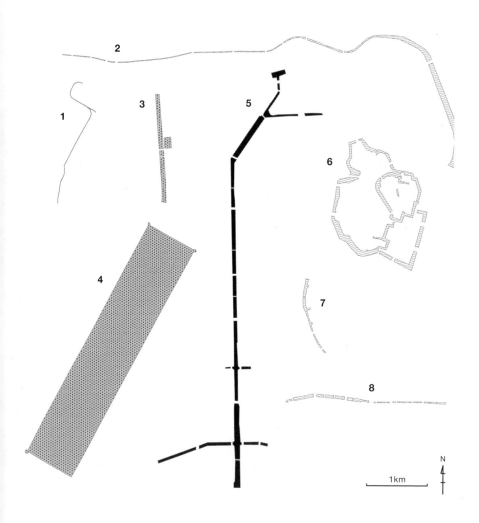

1 ハイライン（アメリカ合衆国：ニューヨーク市）
2 清渓川（韓国：ソウル市）
3 セントラルパーク（名古屋市）
4 セントラルパーク（アメリカ合衆国：ニューヨーク市）
5 中川運河（名古屋市）
6 皇居外苑濠（東京都千代田区）
7 小樽運河（小樽市）
8 道頓堀川（大阪市）

※道頓堀川は、繁華街を東西に流れるエリアのみ表示した。

第 III 部
中川運河の空間コード

- **A1** 海に向かう都市の層
- **A2** 閘門式運河の水面
- **A3** 人工の自然堤防
- **A4** 緑のコリドー
- **B1** 運河を挟んで向き合う
- **B2** インダストリアル空間
- **B3** 鳥と風が運ぶ都市の緑
- **B4** 連続体の美学
- **C1** 名古屋の大静脈
- **C2** インタラクトする水土
- **C3** 「自然」とのつきあい
- **C4** 創造力の空間

中川運河Y字ゾーン：1970年頃

A1

海に向かう都市の層

中川運河の
4つの地・層

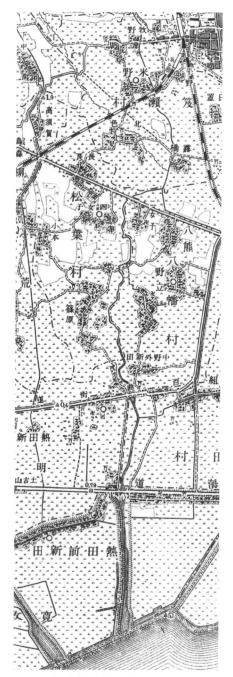

図1　1900 (明治33) 年の中川付近

地表面に露出する時間の層

　形成年代や地質学的な組成の異なる層が、造山運動や河川の堆積作用を通じて垂直的に積み重なったもの。これが、地層という用語の通常の意味である。中川運河が開削された名古屋南西部は、木曽三川と庄内水系がつくる沖積層の一部をなす。西に傾きつつ沈下と堆積を続ける分厚い沖積層にあって、中川運河は、表面を薄く削り取った工作物にすぎない。

　しかし、名駅南エリアから名古屋港まで、約8km以上にわたる低地の姿形を注意深く観察すると、水平的なズレを伴いながら地表面に露見する異なる時間の層が現れる。これが本書でいう「地・層」である。

古地図を読み解く

　市街化が進む前に作成された明治期の地形図は、中川運河を取り巻く地・層について多くのことを教えてくれる（図1）。東西方向に直線的に通っているのは、七里の渡しの迂回路として整備された脇往還たる佐屋

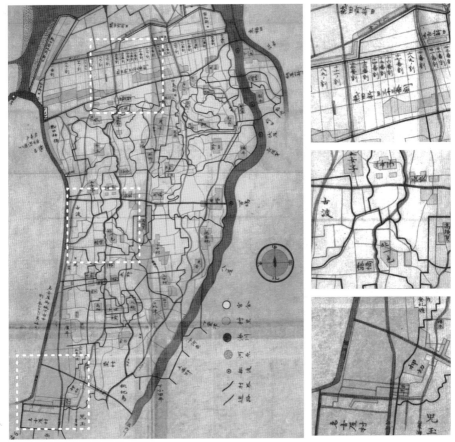

図2 水と土に刻印された開拓の歴史——『尾張志』付図（愛智郡西）、天保15（1844）年
破線部分を2倍に拡大して右側に示した。上を南とし、都心から海を展望する図になっていることに注意されたい。

街道、明治初期に佐屋街道に代わる陸路、旧国道1号線として整備された現在の東海通、そして、1895（明治28）年に開通したばかりの関西鉄道である。これらの交通インフラの下をくぐるように、よろめきながら南へ流れているのが、笈瀬川／中川である。露橋、八熊、四女子、野立、篠原など、水田地帯をなす低湿地に散在する小規模な集落は、わずかな微高地を選んで立地している。

しかし、中川運河が開かれた土地の来歴を最も雄弁に語るのは、江戸末期に編纂された『尾張志』の付図であろう（**図2**）。上を南にしたこの地図には、海を開拓して土地に変えた人間の歴史的営為が、水と土のおりなす模様に見事に刻印されている。城西地区はすでに連続した市街地として描かれ、その一角に「名古屋村」の文字がみえる。現在の名古屋駅付近からは、明治期の地形図でもみた村々が不規則な形状の村界とともに描かれている。村どうしを結んでいるのが道路網、村の間を

抜けている太い線が水路である。そして、中川沿いに中野まで来ると、その先は、突如として規則的な短冊で仕切られた新田集落の空間に変わる。

それでは、中川運河の周りでは、どのような地・層を識別することができるだろうか。以下、時間軸に沿いつつ、大きく4層に分けて考えてみよう（図3）。

4つの地・層

熱田層 4つのなかで最も古いのが、熱田層と呼ばれる近世城下町が発達した台地である。名古屋台地とも呼ばれる。中川運河を堀川と繋いでいた松重閘門をよく観察すると、名古屋高速を挟む2つの閘門の間に約2mの落差がある。熱田層の西縁を画する斜面の中ほどに開削された堀川は、中川運河よりも高い位置を流れているからだ。中川運河からみた松重閘門は、熱田層へアプローチするためのゲートとも言える。

低湿地への入植 低湿地の海岸線は、わずかな海水面の上下で大きく位置を変える。貝塚の分布にもとづく研究によると、縄文時代の海岸線は、現在の標高5m線付近にあったといわれる。この推定に従えば、熱田層の西側、つまり現在の名駅付近を含む名古屋南西部のほぼ全域が海だったことになる。海水面低下で陸化したエリアには、やがて農村集落が成

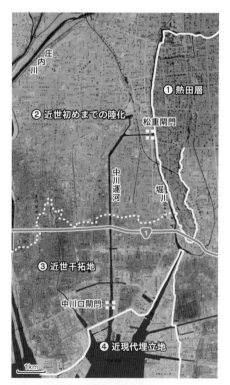

図3　中川運河を取り巻く4つの地・層

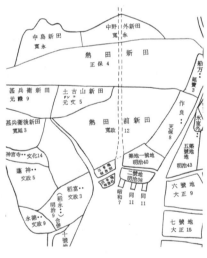

図4　新田開発の過程
中川運河エリアの干拓による新田開発は、寛永年間（1624～45年）の中野外新田に始まる。熱田新田干拓ののち約1世紀を経て、現在、一部が名古屋競馬場になっている土古山新田が開かれた。さらに、寛政12（1800）年の熱田前新田開発により、「海の開拓」が大きく前進した。明治以降の開発は、埋立てによる陸化である。

立し、少なくとも江戸時代初めには、現在の国道1号線付近まで集落が点在していた。そうした集落の一つ、露橋の小学校が編纂した町の由来書と言うべき記念誌では、旧家の伝承などをもとに、露橋の成立が室町中期以降ではないかと推測している。中川運河エリアでも、露橋がある東支線や堀留まで延びる北支線の周辺は、陸化が早かったのだろう。

海を拓いた新田集落　近世初期の海岸線を辿ることは容易でない。しかし、江戸時代の干拓事業が生み出した新田集落の分布ははっきりしている。天保期の古地図でみたように、ぶよぶよと不整形な輪郭を有する旧集落と短冊を敷き詰めたような開拓集落の境目が、干拓が行われる前の近世初期の海岸線におおむね相当すると考えてよいだろう。堤防を築いては排水することで漸進的に耕地を拡大するプロセスが、近世を通じて幾度も繰り返された。干拓地の南進によって不要となった古い堤防は、街道や集落の境界として痕跡を残してゆく。中野集落の南側に開かれた中野外新田（1626年〜）、大規模な干拓事業によって熱田から多くの入植者を受け入れた熱田新田（1647年〜）、そしてその海側に江戸末期に拡張された熱田前新田（1800年〜）。地図上で地名を辿るだけで、ほとんどジオラマを見ているような錯覚に陥りそうだ（**図4**）。

干拓から埋立てへ　そして近代になると、大型機械を動員した埋立てが始まり、熱田湊に代わって外港の役割を担う名古屋港が建設される。熱田前新田の海側にあたる築地埠頭の埋立て開始が明治30年代のことである。結果として、盛土により2m程度の標高を有する現在の臨港エリアに対して、近世の干拓を起源とする陸側エリアがすり鉢のような凹地をなす、特徴的な土地条件が名古屋港の周りにつくり出された。熱田層と近世以前の陸化という自然が生んだレイヤーと、近世干拓地と近現代埋立地からなる人工のレイヤーを合わせた4枚の地・層を貫いているのが、中川運河なのである。

干拓地に広がる「くね田」

とはいえ、中川運河が開かれた昭和初期には、周辺の市街地化は進んでおらず、とくに、近世に新田開発されたエリアの大部分は田畑のままだった。運河開削を挟んだ時期の写真には、田舟に乗って測量を行うという、水郷

図5「水郷」の測量（中野新町付近）
近世初めの海岸線は、この付近にあったと推定される。写真は、中川運河開削に先立って、測量調査を行っている様子。

図6「くね田」の中の中川運河
名古屋港上空から見る開削工事中の中川運河。運河の周りは、土古山新田の旧堤防上に成立した集落を除いて、「くね田」と呼ばれる一面の農地となっている。

*1　露橋小学校開校100周年記念誌編集委員会編『地図でみる露橋の歴史―親子でみつけるつゆはしのあゆみ』露橋小学校、2006年。

さながらの風景を見ることができる(図5)。低湿地の干拓地に開かれた耕地は水はけが悪く、地震による地盤沈下も加わって、冠水の危険を常に抱えていた。そのため、耕地を細長く掘り取り、盛土して田とする方法がとられた。中川口の南西に位置する大手学区では、これを「くね田」と呼んだ。*2 くね田では、米の収穫が終わった後の田をさらに畝立てし、菜種や麦を栽培した。運河開削当時の航空写真を見ると、縞模様を描く耕地をはっきりと確認することができる(図6)。

おそらく、こうした農村的な景観は、明治期と比べてもさほど変わっていなかっただろう。実際、1884(明治17)年に作成された地籍図では、新田集落の外側にくね田が延々と続き、その合間を道や水路が走る当時の土地状況が仔細に描かれている(図7)。新田開発を起源とする港寄りのエリアが本格的な市街化の段階に入るには、戦後の高度経済成長期まで待たねばならない。

中川運河開通後の市街化プロセスについて、昭和橋から中川橋までの西岸の事例で確認しておこう(図8)。運河開通後25年を経た1955年時点でも、市街地らしいのは、土古山新田の旧堤防付近に成立した集落と昭和初期の土地区画整理事業で生まれた中川西地区くらいで、両者の間には田畑が広がっている。ところが、高度経済成長期の1960年代になると、耕地はほとんど姿を消し、工業用地としての造成が急ピッチで進む。名四国道が開通し、大手排水路を埋め立てて完成した環状線がこれに直交している。そして、さらに10年後の1975年には、夥しい数の工場が立地し、住宅地の稠密化の一方で土古公園などの施設整備が行われている。

もう一つの地・層

実は、中川運河エリアの地・層にはもう1層ある。運河建設そのものが生み出した両岸

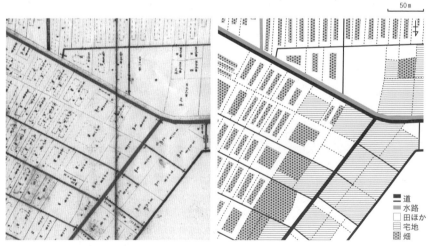

図7　熱田前新田の土地利用(明治17年作成の地籍図による)
左の地籍図から道・水路と地目(土地利用)を取り出して、右にわかりやすく図化した。上が南になっていることに注意されたい。かつての土古山新田を囲っていた堤防の跡地は、道路を挟んで向かい合う宅地とされ、その外側に農地が広がる。低湿地を有効利用するために、一筆ごとの水田の中央部が畝寄せされて、畑地として利用された。

の微高地である（**A3**参照）。その存在は運河開通とともに振られた町名に端的に示されている。北から順に、船溜りだった堀留周辺は百船町、小栗橋から長良橋までの幅広の区間は広川町、長良橋から南は順に富、清、福、玉、新、金の字に西岸は船、東岸は川の字を付けて町名とした。

さらに興味深いことに、運河に架かる橋には、長良、八熊、篠原、野立、中野など、前近代からの集落の名前を冠した呼び名が与えられている。運河沿いの造成地とその下地をなす低湿地がおりなす地・層の重なりは、帯状に都心と港を結ぶ町々と近世以前の集落から延びる道が行き合う橋詰の空間に凝縮されている（**図9**）。

* 2　名古屋市立大手小学校編『大手50周年記念誌』大手50周年記念事業会、1986年、10頁。

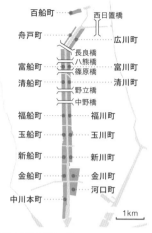

図9　橋詰で交差する地・層
町名に含まれる「川」と「船」が対をなす様は、水運を目的とする運河本来の姿を思い起こさせる。一方、運河に架かる橋には、周辺の町名に由来する名前を有するものが多い。図中には、1900（明治33）年の地形図に記載された集落に由来する橋のみを示したが、ほかに、近世新田開発の地割などに由来する橋名もある。内山作成。

図8　中川運河エリアの市街化過程
干拓地に水田が広がっていた港寄りのエリアは、中川運河開通後、めまぐるしい土地利用の変化を経験した。

A2

閘門式運河の水面
土木が生んだ水と空気の邂逅

流れない川

　遠浅の海が陸化したり、干拓されることで生まれた名古屋南西部は、傾斜がほとんどない低平な土地の表面を微妙な凹凸が覆っている。そうした条件下では、地表水は行き場を失って、蛇行を繰り返すか、分厚い沖積層の中へと伏流することを余儀なくされる。中川運河が開削される前、このエリアを流れていた笈瀬川／中川は、旧河道が残した自然堤防上に成立した集落の合間を縫うように、よろよろと不定形な曲線を描いて流れていた（**A1**参照）。干拓地の南縁では、堤防で潮の浸入を防ぐとともに、中川口に圦を設けて、干潮時に自然排水する仕組みになっていた（図1）。

　以上の土地条件をふまえると、土木構造物としての中川運河の特徴が理解できる。①8kmを超える延長にもかかわらず、勾配がなく、自然の水流を欠く。②干拓地の地表面との関係から、標高0m未満に水面が設定された。③蛇行する川に規定された不定形な空間に、直線性とパースペクティヴを与えた。③は別途論じることとし、ここでは、運河の水面に関する①②を掘り下げてみたい。

干拓地へ下る

　中川運河は、水位の異なる水面間の航行を可能にする閘門式運河である（図2／図3）。閘門式運河の例としては、大西洋と太平洋を結ぶパナマ運河が世界的に知られ、日本でも、1731（享保16）年に普請された埼玉県の見沼通船堀をはじめとして、長い歴史がある。

　通常、閘門式運河が必要とされるのは、運河の両端に繋がる河川や港湾の水位が異なるときである。また、港から都心への物資輸送を主目的として開削された運河では、相対的に高い位置にある内陸との標高差を埋めるために、しばしば閘門が設けられる（図4）。国内の事例としては、中川運河と同時期に建設された富山の富岩運河が、河口から内陸に3.1km入った地点に閘門を有する。

　中川運河も、港と都心を結ぶ目的で開削された運河であるが、名古屋港からの入口および堀川に繋がる東支線の終端の両方に閘門が設けられている。つまり、外部水域と繋がる両端が閘門で仕切られているということである。こうした構造となったのは、中川運河が近世干拓地を起源とするゼロメートル地帯に開削されたために、堀川はもとより、名古屋港の海水面と比べても低いレベルに運河の水面が位置することによる。つまり、運河両端に建設された2つの閘門は、名古屋港と堀川よりも低い位置に運河の水面を固定する役割を担っているのである。もっと簡単に、中川運河の閘門は港湾から干拓地へ「下る」ための装置だと言ってもよい。ここに、閘門式運河としてみた中川運河のユニークさがある。

中川運河の断面

　中川運河の断面を開削当時の設計図で詳細に観察してみよう（図5）。まず、運河の深さは

図2 中川口閘門
運河側の閘門が開く瞬間。1963（昭和38）年に供用開始となった新閘門が現在でも使われている。新閘門の建設は、水運の混雑緩和を目的としたが、翌1964年をピークとして、中川運河の水運は急速な減退期へ入ることになる。

図1 運河開削前の中川口
開削工事開始当時の中川口の様子をとらえた写真。堤防に沿って線路が敷かれ、その上を路面電車（築地電車）が走っている（上）。堤防上は生活道として使われていた（下）。堤防の法面には、圦を挟んで小屋が建っている。

図3 閘門による水位調整
船で閘門に入ると、数分の間に水位調整が行われる。写真は、名古屋港から閘門に入ったときの様子。排水により、NP（名古屋港の基準水位）＋1.7mから＋0.3mへと、水位を約1.4m下げることで、中川運河への接続が行われた。2014年5月21日撮影。

図4 垂直構造からみた運河類型
埋立地に開かれた水路は、多くの場合、自然水域と高低差のない水平連結型となる。東京・江東区の水路網がその典型である。高低連結型は、江戸時代の見沼通船堀のように、水位が異なる自然水域を結ぶ場合に現れる。港から標高がやや高い都心までを結ぶ富山の富岩運河も、この類型に含めることができる。両側の自然水域のいずれよりも低い位置に開削された中川運河は、断面構造の点でユニークな運河と言えよう。

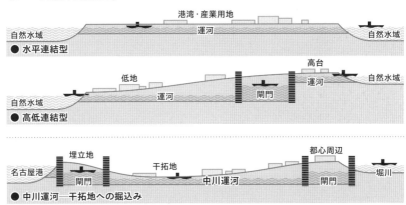

第Ⅲ部　中川運河の空間コード

7〜10尺（約2.1〜3.0m）とされた。護岸天端高の記載はないが、名古屋港管理組合が現在公表しているデータでは、河床から3.6mである。つまり、水面との差は60cmほどしかないことになる。両側を閘門で仕切られた中川運河では、水位をほぼ一定に保つことができるので、満々と水を湛えるプールのような設計が可能となる。間近に迫る水面というこの特徴は、水と土の間に強いインタラクションを生む要因になる（**C2**参照）。

自然水域との関係ではどうだろうか。中川運河の河床は、名古屋港基準面（略号NP。東京湾平均海面よりも1.41m低い）に対して2.6m低い位置に設定されている。また、現在の維持水位は、NP＋0.2〜＋0.4mである。名古屋港の平均満潮面はNP＋2.61m、平均干潮面はNP＋0.04mであるから、満潮時には運河水面の方が2m以上も低いことになる。干拓地に向かって下る運河という、先に述べた中川運河の特徴がよく理解できるだろう。

水面と敷地の一体性

もう一つ見落とせないのが両岸の敷地造成である。開削当時の設計では、運河に接して奥行き5間（約9.1m）の物揚場を確保している（**図6**）。物揚場から都市計画道路までは倉庫敷地とされ、奥行き15間（約27.3m）が割り当てられた。8間（約14.5m）幅の都市計画道路を挟んだ反対側には、50間（約90.9m）もの奥行きを有する造成敷地（以下、現在の名古屋港管理組合資料の用語法に倣い、「建築敷地」と呼ぶ）が計画された。水面から両岸の建築敷地まで含めた幅は最大375mに及ぶ。そのうち、運河から倉庫敷地までは、現在、運河用地として名古屋港管理組合が管理しており、運河を挟んだ最大幅は164mである。

設計図を改めて眺めると、両岸断面が詳細に描かれていることに気づく。倉庫敷地の高さは河床に対して17尺（約5.2m）、護岸天端から測っても約1.6m高い。この整地方式は、開削土を両岸に盛って低湿地の土地条件を改善するもので、名古屋市の土地区画整理事業では「運河土地式」として分類された[*1]。ゼロメートル地帯に外港よりも低い水面と盛土による造成地をセットで用意したことは、土地利用・防災の両面で中川運河の利用価値を大きく高めた（**A3**参照）。

水位を守る仕組み

両端を閘門で仕切られ、水面が周囲の自然水域よりも低いレベルにある中川運河は、言うなれば、低地に掘られた細長いプールのご

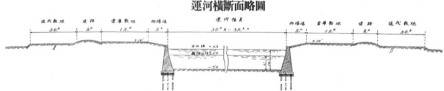

図5　中川運河の断面
設計当時の手書きの断面図には、開削土を利用した敷地のデザインが細やかに表現されている。道路や倉庫敷地・建築敷地と一体で構想された空間利用や盛土による土地条件の改善は、中川運河が今後も継承すべき知恵の一つと言えよう。

とき構造物である。そのため、自然排水を行うことができるのは、運河の水面が名古屋港よりも高くなる干潮時に限られる。開削当初は、潮位変化を利用する自然排水しかなかったため、下水道や周辺事業者からの排水によって、水質がみるみる悪化した。東支線供用開始の5年後、松重閘門脇にポンプ所が設置され、以後、名古屋港から海水を取り入れ、堀川へ排出する水循環が行われている（図7）。

通常時はともかく、豪雨の際に十分な排水が行われないと、深刻な結果を招来しかねない。中川運河の水位安定のために、ポンプ施設は死活的な役割を果たしてきたと言える。現在では、中川口ポンプ所に9基、松重ポンプ所に2基のポンプが設置されており、排水能力は毎秒45.3m³である（名古屋港管理組合資料）。運河面積は支線部を含めて約65haなので、運河が流出入のない閉鎖水域をなすという単純な仮定のもとでは、フル稼働で毎時約250mmの排水能力がある計算になる。実際には、市街地に降った雨が下水管を通じて運河に流れ込むので、毎時100mmにも及ぶ近年の集中豪雨では、運河に相当な負荷がかかる。

2000年9月11〜12日に発生した「東海豪雨」の際のデータをみてみよう（図8）。11日13時から翌朝7時までの累積降水量は403mm、1時間刻みで最も雨足の強かったのは、64.5mmが降った夕刻18〜19時であった。中川口のポンプは、14時過ぎから排水を開始し、18時半頃にフル稼働となる。それでも運河水位の上昇を完全に食い止めることはできず、20時38分に最高水位NP＋102cmに達した。この頃には雨足もいくぶん弱まっていたので、運河から越水する事態は避けられた。

中川運河は、市街地からの雨水流出の受け皿として機能している。東海豪雨の経験は、中川運河が有する減災能力を実感させるものだったと言えるだろう。

*1　中川運河と周辺低地の開発を一体的に論じた貴重な文献として、堀田典裕「〈水〉と〈土〉のデザイン―中川運河と河岸地域を巡る低地の開発について」茂登山清文・則武輝彦（TEMPO）編『中川運河写真』eight、2012年、73〜90頁がある。

図6　共同物揚場跡
中川運河の設計には、約100箇所の共同物揚場の設置が組み込まれていた。それらのほとんどは現存しないが、数箇所でかつての物揚場の跡をみることができる。写真は、昭和橋北西のポケットパーク。法面の右半分が物揚場跡にあたる。

図7　松重ポンプ場
中川運河の水を堀川へ循環させることを主目的として、1937（昭和12）年に供用が開始された。東支線の末端、松重閘門脇に位置するが、堀留とも地下水管で結ばれており、双方から取り入れた水を堀川へ排出する。こうした循環により中川運河・堀川・新堀川の水質を改善する試みは、杉戸清・元名古屋市長の発案とされる。

水質をめぐる問題

　ところで、中川運河の景観は、自然の水流がないという土木構造状の特性から大きな影響を受けている。流れがないと言えば、淀み、汚れ、臭いといったネガティヴなイメージを連想するのがふつうであろう。

　中川運河も例外ではない。高度経済成長期に著しく悪化した運河の水質は、水質汚濁防止法施行（1971年）を受けた事業所排水の規制などによって、大きく改善したとされる。一般的な水質指標の一つ、BOD（生物化学的酸素要求量）でみれば、1980年代以降は、環境基準の10mg/Lをおおむね満たしている。[*1] しかし、実際に運河を見た人の多くは、濁っている、汚いという印象をもつ。その原因の一つは下水処理方式にある。雨水と汚水が1本の管を共有する合流式下水道を採用している名古屋市中心部では、まとまった雨が降ると、未処理水が中川運河に排出される。セッキー板を使った筆者らの調査でも、夏場の水質が悪いときは、港に近い東海橋で100cm程度、東支線の松重閘門西で60cmほどの透明度だった（**SP3**参照）。水質改善が中川運河の課題であることは確かである。

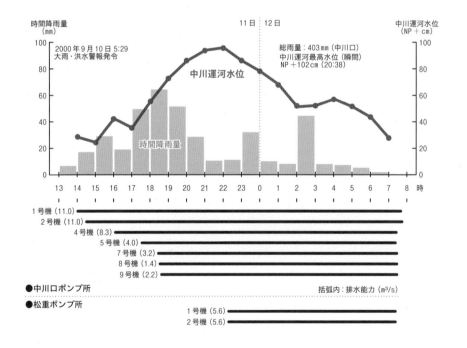

図8　東海豪雨（2000年9月11～12日）における中川運河の状況
中川口ポンプ所で最初のポンプが稼働を開始したのが11日14時4分。同ポンプ所がフル稼働になったのは、時間降水量が最大に達した同日の18時台である。その後も、水位は上昇しつづけたが、22時20分に松重ポンプ所のポンプ2基が動員され、翌12日朝には、平常水位に戻った。

空気を映す景観

　他方、船の航行がほとんどなくなった中川運河の水面は、冬の屋外プールに張られたままの水と同様、風がなければ静かにじっと佇んでいる。これが驚くほど見事な鏡像を生み出す。風が吹けば水面にさまざまな模様の波紋が現れ、風が凪ぐと、護岸を境界線として、地上の景観と空が180度転回して水面に映る。

　調度品の鏡とは違って、ときおり生じる波紋で微妙に揺らぐ中川運河の鏡像を見て、心動かされる人は少なくない（図9／図10）。最近数年、中川運河で行われた現代アートを基軸とするイベントは、たんなる賑わいの演出を超えて、運河の景観に対する人々の感性を呼び覚ます意味をもった。銀盤のような水面に映る空模様をとらえた野田真外の映像作品『名古屋静脈』、「中川運河キャナルアート」の演目の一つとして行われ、護岸を挟んだ反転像が予想外の効果を生んだ長谷川章のデジタル掛け軸、そして、護岸に生える樹木越しに見る水面を舞台装置として、運河に縁のある人々をモデルにした伏木啓によるアーカイヴ作品「Waltz」。性格を大きく異にするこれらの作品に共通するのは、運河の水と空気の邂逅に秘められた可能性に気づかせてくれたことではないか。

　護岸に立つ人の足元近くに佇み、空気を映し出す水面の景観は、干拓地に開かれた両閘門式の運河が意図せずして残した貴重な財産である。自然河川にはない土木構造物としての中川運河の特性を知り、それを将来に向けてマネジメントするための柔軟な発想が求められている。

*1　名古屋市・名古屋港管理組合「中川運河再生計画」2012年、7頁。

図9　水辺を舞台とするイベント商業施設がほとんどない中川運河は、日没後、わずかな街灯や背後の高層建物から届く光を残して夜間に包まれる。ここを舞台として、ここ数年「中川運河キャナルアート」のデジタル掛け軸（上：2011年10月9日）や映像アーカイヴ作品「Waltz」（下：2013年11月）など、現代アートを中心とするイベントが行われている。

図10　小学生が描く中川運河
篠原小学校で行われた中川運河絵画コンクールの作品（作者：3年生・西川美森）。護岸が1本の細い線で描かれている点が、水面の近さをとらえた表現として面白い。

A3

人工の自然堤防
運河土地式がつくった
微高地の空間利用

災害に強い微高地

　近世の干拓地を起源とする名古屋港南西部の低地は、1959（昭和34）年9月の伊勢湾台風によって甚大な被害を蒙った。しかし、1か月以上に及ぶ浸水被害の一方で、深刻な影響を免れたエリアがいくつかあった。埋立てによって造成された築地、すなわち名古屋港エリア、そして中川運河の両岸である。台風直後の中川運河周辺をとらえた航空写真を見ると、湿地の中の群島のごとき市街地のなかで、運河に並行する都市計画道路のからっとした路面が際立っている（図1）。中川運河両サイドの土地が浸水しなかった理由は何だろうか。

　一般に河川では、洪水時に流路から溢れ出した土砂が平地に堆積することで、両岸に自然堤防と呼ばれる微高地が形成される。比高数メートル未満のわずかな高まりにすぎないが、伝統的村落では、そうした微地形を巧みに織り込んだ土地利用が行われていた。家は水はけのよい自然堤防上に建てる。後背湿地には水を引いて水田とし、自然堤防上は畑作地として利用するといった按配である。

　中川運河の両岸も、周辺の土地に対してわずかに高くなっている（図2）。もちろん、自然の水流を欠く運河では、両岸への堆積作用は生じない。伊勢湾台風のときにその存在を顕在化させた中川運河の微高地は、運河土地式と呼ばれる土地造成方式が生み出した、いわば「人工の自然堤防」である（図3）。運河土地式とは、大正末期に始まる名古屋市の土地区画整理事業が採用した方式の一つであり、運河の開削土を使って両岸を盛土することを基本としていた（図4）。

　低湿地では、嵩上げそれ自体が産業用地としての価値を大きく高める。中川運河沿いの区画整理ではさらに、幅広の使いやすい運河と並行する都市計画道路という物流インフラを用意することで、企業立地への強いインセンティヴとする仕組みになっていた。

整序と便益の創出

　もっとも、名古屋の都市計画・区画整理事業に指導的役割を果たした石川榮耀（ひであき）自らは、運河土地式に関して、土地条件が強いた苦肉の策として、皮肉交じりの論評を残している。[*1]

>……元来地形上さうした低地なのだから土の取りどこがあり様筈がない。考え出したのが、系統ある土取り場、そしてのその跡を、うってつけの運河に利用しようと云ふ、工場地域であって初めて、可能な一策。此れが即、運河土地式と云ふ式である。名古屋の東西両港背低地は、やゝ此の乱用の傾ある迄、此を利用している。大体が、市の都市計画事業たる中川運河でさえ、此の方針の外の何物でもないのだから仕方ない。〔旧字を新字に改め、途中改段を省略〕

---

* 1　石川榮耀「名古屋の区画整理の特質（上）」『都市問題』第9巻第4号、1929年、686頁。

図1　伊勢湾台風直後の中川運河
玉船町の上空から北西をのぞむ。浸水被害が広範囲に及ぶなかで、中川運河両側の都市計画道路の乾いた路面が印象的である。

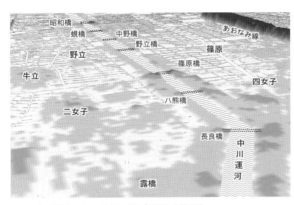

図3　中川運河エリアの自然堤防と「人工の自然堤防」
露橋、二女子、牛立など、近世以前に起源を有する集落は、古い河川の堆積作用が残した自然堤防の上に立地している。そうした「島」が点在する低地に、中川運河は直線的な人工の自然堤防をもたらした。

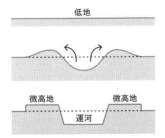

図4　運河土地式の土地造成方法
運河の開削土を両岸に盛ることで、低湿地のなかに河川の自然堤防さながらの微高地をつくり出した。

海抜（m）
10〜
2〜5
1〜2
0.5〜1
〜0.5

図2　中川運河エリアの微地形
中川運河とその周辺は、自然堤防上に集落が立地した北寄りエリア、最も標高の低い（人工造成地を除く）昭和橋以南のエリア、近代の埋立地に相当する築地、そして人工の自然堤防たる中川運河両岸の大きく4つに区分できる。

第Ⅲ部　中川運河の空間コード

つまり、区画整理事業の観点からは、低湿地の土地条件改良を実現する好都合な手段として、運河建設が位置づけられたということになる。とはいえ、1919（大正8）年の市区改正計画に始まる名古屋の近代都市計画において、基幹道路網とセットで運河網の整備が構想されたことを忘れるべきでない。干拓地に形成された茫々たる耕地から、産業活動が求める整序と便益をもった用地を創出する。換言すれば、港と都心を結ぶ物流を保証すると同時に、名古屋南西部を一大工業地帯に模様替えすること。それが、区画整理と一体で進んだ中川運河開削の極意だったと言えようか。

「自然堤防」の土地利用

人工の自然堤防では、どのような土地利用が成立したのだろうか。水運が最盛期を迎えた1960年前後に焦点を当てて考えてみよう。

興味深いことに、都市計画道路を挟んだ運河沿い敷地と建築敷地の土地利用は、ちょうどこの頃を境に大きく変貌している。1959（昭和34）年時点における建築敷地の利用状況をみると、東海橋西側など、宅地化が進んだエリアを除いては、企業が取得した土地に数多くの工場が建ち並んでいる（図5a）。対照的に、運河沿い敷地への建築はあまり進んでおらず、ところどころに建つ倉庫以外は、物場や露天の資材置場として利用されていたと思われる。ところが、わずか8年後の1967（昭和42）年になると、運河沿い敷地への倉庫建設が著しく進む（図5b）。建築敷地の変化はさほど大きくないが、一部の工場が倉庫に建て替わっている状況を読み取ることができる。

運河沿い倉庫の増加は、トラック輸送の発達とともに水運がピークを過ぎようとしていた時期に重なる。倉庫の多くは、運河と道路の両側から荷の積降しができるように設計された。にもかかわらず、運河に向けた扉は、水運の衰退とともに、ほどなくその役目を終える結果になった。

しばしば、中川運河の景観を特徴づけるのは倉庫建築の連なりだと言われる。しかし、そうした景観は運河開通時からあったわけではないし、必ずしも水運の発達とともに形成されたものでもない。中川運河の将来像を考える際には、固定化された過去のイメージではなく、変化の積み重なりのうえに現在の姿をとらえる視点が必要であろう。

共用空間の「柔らかさ」

ここで、空間利用の断面図（図6）を参照しながら、名古屋市が1930（昭和5）年に定めた「中川運河使用条例」を検討しておく。使用規則のなかに、のちの土地利用転換を結果的に促すことになる、興味深い内容が含まれているからである。

中川運河の航路について定めた第21条では、運河幅（図中のA）91mの区間では中央の45m、63.7mの区間では35.7m、36.4mの区間では24.4mをそれぞれ航路としている。したがって事業者は、一定の条件下で、航路部分を除く両岸付近の水面を占用することができた。それを規定したのが第26条で、「専用物場使用者に対してはその地先水面に限り無償にて一定の区域の使用を許可することあるべし」と明記している。また、道路占用に関する第5条の規定をふまえ、1937（昭和12）年の「中川運河案内」では、倉庫敷地（B）から分譲地（D）たる建築敷地に向けて、道路（C）を横切る私設トロの設置を認めている。こうしてみると、運河沿いの敷地は、一定の規則とモラルによって維持される共用空間、今でいうシェアオフィスに近い機能をもつ空間だったと言えそうである。

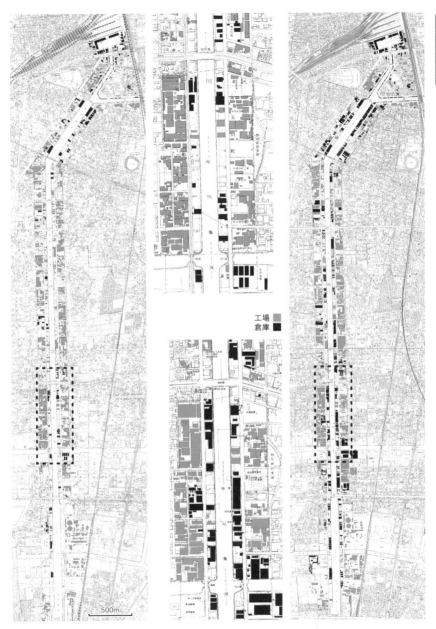

図 5a　運河沿いの土地利用（1959 年）
破線内を右上に拡大表示。この時点では、護岸地上への倉庫立地はあまり進んでおらず、建築敷地は、主に工場用地として使われている。当時の住宅地図と都市計画基本図をもとに作成。

図 5b　運河沿いの土地利用（1967 年）
破線内を左下に拡大表示。わずか 8 年で、護岸地上への倉庫の建設が大きく増加したことがわかる。建築敷地でも、倉庫の立地が進んでいる。当時の住宅地図と都市計画基本図をもとに作成。

一般に、土地区画整理事業は、道路や公園などを造成して土地の価値を高め、これを売却することで造成費用を賄う事業モデルである。運河土地式の場合には、運河から倉庫敷地を経て道路まで（**図6のA～C**）が、土地の価値を高める共用インフラの機能を担う。中川運河で興味深いのは、この共用インフラの利用を厳密なルールのもとに置いたようにみえて、実際の運用では、部分的な私的占有や改変を認めたということである。貯木を禁止した使用条例第32条や専用物揚場への建築を規制した第55条は、のちの運河の使用実態に照らすと相当に違和感がある。むしろ、運用の「柔らかさ」こそが、事業者にとっての倉庫敷地の利用価値を高めたのではないか。そしてそれが、やがて倉庫敷地に文字どおり倉庫が建ち並ぶ景観を生み出す大きな要因として働いたのである。

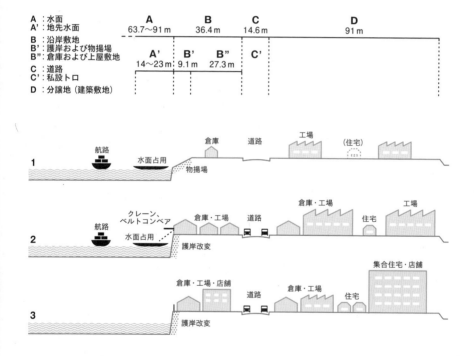

図6　運河沿い空間利用の断面と変遷
建築敷地を購入した企業の活動を通じて、建築敷地と水面・倉庫敷地の間に生まれた関係性に注目したい。　**1**　建築敷地（**D**）に立地した工場は、主に物揚場・資材置場として使われていた倉庫敷地（**B**）を介して、物流軸たる運河を利用した。　**2**　それら事業者の一部は、やがて倉庫敷地に倉庫を建て、道路を挟んだ土地を一体利用するようになる。そのために、しばしばクレーンなどの積降し施設を整備した。　**3**　運河の物流機能が失われると、倉庫敷地と建築敷地の関係性は弱まってゆく。建築敷地に土地をもたない企業が倉庫敷地に多数進出する一方、建築敷地では、住宅や店舗など、工業・物流に無関係の機能が多く立地しはじめた。

道路を挟んだ関係性

　こうして、細長く連なる運河沿い敷地は、運河開削から30年も経った1960年代、文字どおり「倉庫敷地」としての実質を得ることになった。では、倉庫敷地に倉庫を建てたのは、どのような事業者だったのだろうか。

　当時の住宅地図の分析から明らかになったのは、運河開通後、早い段階で建築敷地を取得し、工場などを建てた企業のなかに、道路を挟んだ反対側の倉庫敷地を賃借し、倉庫空間として利用したものが多数あったということである(図7)。しかし、先述のように、護岸沿いに建てられた倉庫も間もなく運河側の扉を閉ざし、もっぱら道路側からのアクセスに依存するようになる。となれば、建築敷地と倉庫敷地の一体利用は、はたして運河を軸とする空間的な統合を強化したと言えるのか、という疑問が湧いてくる。事業者へのインタビュー調査では、1960年代以降に中川運河に進出し、倉庫敷地を借りた企業にしばしば出会った。逆説的なことに、このような新規進出が可能となったのは、運河の共同インフラとしてみた倉庫敷地の機能が弱まり、遊休化した状態が生じたからかもしれない。

　中川運河の両側に築堤された人工の自然堤防は、運河という当初の軸線を置き去りにし、両側に整備された道路を背骨とすることで利用価値を保ってきた。とすれば、運河再生の可能性は、運河と道路の両軸を賢く使い分けることで、大きく広がるのではないだろうか。

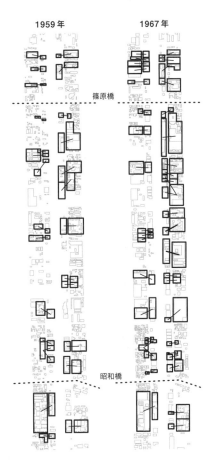

図7　建築敷地と倉庫敷地の一体利用
1960年代になると、運河沿い敷地への倉庫の立地が急増する。そのなかには、すでに建築敷地に工場などを有する企業によって建てられた倉庫が多数含まれている。図では、各年次の住宅地図を資料とし、道路を挟んで事業者名が一致する敷地を抽出して示した。

A4

緑のコリドー
産業インフラに育った意図せざる緑

図1　連続性をもつ中川運河の植生

図2　西宮神社の由緒記（抜粋）
運河開削以前は境内にマツが鬱蒼としていたが、運河開削・耕地整理によってその姿が失われた。
「…笈瀬川は徃昔御伊勢川と称し此地附近より下流は川幅廣く船舶の航行も實に盛なりき（中略）爾來数百年の星霜を経て地貌河容は改変せりも凡数十年前まで境内地百有余坪の丘皋地に樹齢数百年の老松鬱葱として存じたりき、後年都市計画の實施に伴い笈瀬川を中心として大運河の開鑿となり何時か老松は枯れ失せ丘皋地は耕地整理の爲め引き均され今は全く昔日の面影を窺ふ能はざるに至りぬ…」

護岸に連なる緑

　中川運河を訪れた人が橋の上から実感するのは、護岸沿いに連なる緑の豊かさだ（図1）。都市計画学などの分野では、連続性をもった帯状の植生景観のことを、しばしばコリドー（corridor：「回廊」の意）と呼ぶ。中川運河は、都市河川に発達した緑被帯と同程度の空間規模をもつコリドーの一形態と言えそうだ。しかし、両者の形成過程は大きく異なる。

　農漁業を基盤とする前近代の村落空間では、河川と圃場が水系を通じて連携し、多様性のある生態環境が育まれていた。中川運河周辺でも、古い河道沿いの自然堤防上に成立した近世以前の農村集落の存在を跡づけることができる（A3参照）。しかし、自然の潜在性を人間が引き出すことで成立した伝統的な緑のあり方は、明治期以降、加速度的に進む都市化・産業開発のもとで急速な変容を余儀なくされる。自然を対象化してとらえる近代人の発想は、環境保全に関する諸制度を生み出し、これによって、多くの河川や丘陵樹林地が緑地・公園などのかたちで保全対象とされた。名古屋大都市圏でも、大正期に始まる公園配置計画のほか、戦災復興都市計画、グリーンベルト構想など、緑地ネットワークの計画的整備が進められた。

　自然の保全へ向かう近代以降の流れのなかで、中川運河はどのように位置づけられるだろうか。中川運河は昭和の初めに開かれた直線的な人工水路であり、そこに自然から恵みを得る意図が込められていたとは考えられない。北支線の脇にある西宮神社門前の由緒記は、「大運河の開鑿となり何時か老松は枯れ失せ丘皋地は耕地整理の爲め引き均され今は全く昔日の面影を窺ふ能はざるに至りぬ……」と伝える（図2）。用地整備のために建設された中川運河が、極度に人工的な環境だったこと

緑豊かな市街地を貫くグレーの帯（1955年）　中川運河の水運が活発だった当時の緑被状況を知ることは、資料的な制約があるが、市の都市計画基本図の分析から、倉庫敷地・建築敷地の大部分が工業用地として利用され、とくに物流関係の活動が集中する護岸付近では緑が非常に少なかったことがわかる。対照的に、周辺エリアには田畑・住居・社寺の緑が豊富に存在していた。

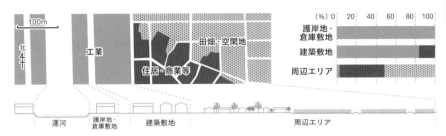

緑が芽吹く運河と緑を失う市街地（1990年）　水運がすでに衰退した1990年代の中川運河では、運河沿いの護岸地の利用が著しく低下し、緑が伐採されることなく成長するという状況が生じた。他方、周辺市街地にかつて豊富に存在した田畑や住居の緑は激減し、同時に、街路樹などの公共用地の植栽が増加している。全体として、運河沿いと周辺エリアの間で緑量変化の傾向が逆転したと考えられる。

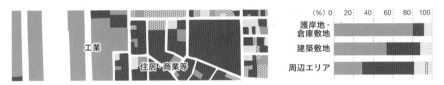

顕在化する緑のコリドー（2010年）　現在では、護岸地の緑がさらに生長する一方、周辺市街地の田畑はほぼ消滅している。護岸付近の植生を詳しく観察すると、伐採されずに放置される植物が増えたことで、草地から小規模な樹林地への変化が起きている。周辺エリアにおいても、空閑地の増加は一定程度みられるが、緑被地の拡大には結びついていない。

図3　中川運河および周辺の土地利用変化（野立橋北東エリア）
土地利用の比率計算の範囲は次のとおり。1955年：小栗橋から蜆橋までを中心とする2km四方の範囲；1990年／2010年：中川運河を中心として、東西方向に4km、南北方向に10kmの範囲。

が理解できよう。したがって、現在の中川運河が豊かな緑の空間であるとしても、それは、緑地ネットワークを充実させようとする計画意図がもたらした結果ではない。これをふまえながら、中川運河の緑について考えたい。

対照的な緑被の変化

まず、GIS（地理情報システム）を使って、緑被の変化を分析してみよう。中川運河の水運が最も盛んだった1950年代を起点として、護岸地・倉庫敷地（運河に面した名古屋港管理組合の貸付地）、建築敷地（運河に並行する都市計画道路を挟んだ反対側の造成地）、周辺エリアの3つに分けて、より長期的な変遷を追ってみた（図3）。周辺エリアにおける宅地の増加と緑地の減少、運河沿いにおける緑の増加など、大きな変化を読み取ることができる。

とりわけ注目したいのが空閑地の動向である。一般に、宅地開発された場所では、いったん駐車場や空閑地になっても将来的な高度利用を期待してメンテナンスが行われるため、緑被地には戻りにくい。そのため、周辺エリアでは、田畑や果樹園を中心とする緑被が著しく縮小する一方で、幹線道路の街路樹整備などを除いて、新たな緑の出現はほとんどみられない。対照的に、中川運河の両岸では、1970年代以降の水運衰退に伴って護岸地の利用が著しく減退し、自然生えの植物が伐採されずに生長しつづけるという状況が生じた。その結果、護岸地に点在する樹木や草地がやがて運河に沿って連坦し、小規模な樹林地へと発達してきている。[*1]

さらに、護岸地・倉庫敷地にフォーカスして、1990年以降の20年間の緑被地変化を可視化してみた（図4）。運河の全区間にわたって、出現した緑と消失した緑が混在している様子がわかるだろう。調査のために現地に赴いた折にも、最近見たばかりの木々が建物ともどもなくなって更地化している光景を幾度か見た。しかし同時に、乾燥した護岸地に力強く芽生える幼木の姿も印象的だった（図5）。これら2つの変化のバランスは、今のところ、緑量増加の方に大きく傾いている。橋の上から見た瑞々しい緑は、実は、いつ伐採されるかわからない、サバイバルゲームのような状況のなかで逞しく生長した植物なのである。

ゆとりの大きな器

ところで、中川運河の護岸地は水面に接しているため、河川コリドーのように緑豊かなことに疑問を抱かない人も多いだろう。しかし、実際には、両者の空間構造は大きく異なる。

河川敷のある河川では、上流から供給される土砂の働きで瀬・淵・洲が形成され、これによって生態環境の多様性がもたらされる（図6）。対照的に運河の場合は、水位が一定のため、水面と護岸地の生態的連携が非常に弱くなる。河川なら、増水時に水を被る岸辺にしばしばヤナギ群落などの景観がみられるが、運河にはそれがない。

他方、市街地を流れる一般的な都市河川や掘割運河の一つとして中川運河をとらえるべきかといえば、そうではない。建物や道路が連接する都市河川に比べると、中川運河では、植物が繁茂できる「ゆとり」がかなり大きいからである。そうした余裕の空間の最たるものが遊休化した護岸地である。さらに、運河沿いの倉庫敷地は、周辺エリアの宅地に比べて区画当たりの面積が大きい。そのため、狭小な敷地が蝟集（いしゅう）する市街地よりも植栽の機会が

[*1] 分析の基盤をなすデータについては、「SP2 運河に生える自然——2-2 緑被変化の可視化」を参照されたい。

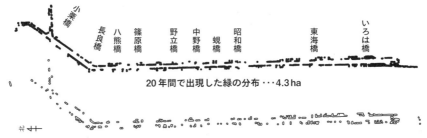

図4 緑の形成と消失の分布（1990〜2010年）
護岸地・倉庫敷地では、20年で緑被面積が2.3ha増加した。その内訳は、新しく出現した緑被4.3ha、失われた緑被2.0ha、変化のない緑被1.7haである。変化のない緑被については図化していない。

図5 敷地の更新に伴い変化する緑
左　建物撤去で切り取られた痕跡　　右　切り株から芽生えた幼木

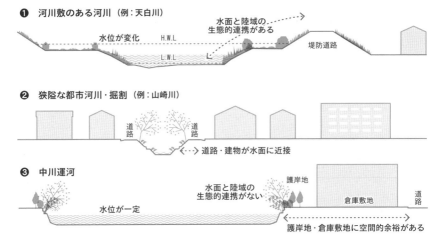

図6 河川・運河沿いコリドーの比較

多いと考えられる。

中川運河の空間構造にみられるこうした特徴は、市民の景観評価にも表れている。Webアンケート調査[*1]では、中川運河は堀川・新堀川よりも視野が広く、爽快性のある空間として知覚されている。「鬱蒼とした」「圧迫感」などの印象を与えず、むしろ爽快性の高い空間として知覚されていることは、中川運河という大きな器の恩恵とも言えるだろう。

生長と消失のサイクル

すでに述べたように、中川運河の緑が増加している最大の要因は、水運の衰退により、護岸地に人が定常的に介入する機会が減ったことにある。自然生えの植生は、放置期間が長くなるにつれて生長して樹木群を形成する。

興味深いことに、この生長過程にはかなり厳しい選択作用が働いている。土壌・水分条件ともに過酷な人工基盤の環境下で萌芽した自然生えの幼木は、ストレスに弱い観賞用の若木よりもはるかに逞しく育つ。またそれゆえに、ふだん目にしがたい豊かな緑の表情を見せてくれる。春から夏の陽気のなかで運河沿いを少し歩くだけでも、特徴的な緑のカタチを発見できるだろう[*2]。隙間を這うようにして生長する植物の姿は実にユニークである。わずかの水と土で発芽する草木や生息地を求めて建物の表面を這い進む蔦。雑草にみえて、いつの間にか大きな樹林となり、木陰をつくる。それらすべてが緑のコリドーとしての中川運河のプレーヤーだ（図7）。

他方、名古屋港管理組合から倉庫敷地を賃借している事業者は、撤退時に更地に戻すことを義務づけられている。そのため、事業者が交代する際には必然的に建物の撤去・新設が行われ、ほとんどの場合、護岸地の植物も皆伐される。結果として、敷地の貸付期間である20年が植物のサイクルにとっても一つの節目になるという、ある種奇妙な現象を生じている。運河沿いに若い亜高木や幼木が多いのは、大きく生長する前に伐採される樹木が多いことの表れである。われわれが中川運河の木々を見て愛着を感じるとすれば、より長期的な視野から、樹木を持続的に育てるた

図7　自然生えの特徴的なカタチ
上　建物の表面を這い進む蔦
中　わずかな水分で芽生える草本
下　大きく生長した「元雑草」

めの条件整備を考える時期が来ているのかもしれない。

一体化する植栽と自然生え

もちろん現状でも、中川運河は、緑化に関する既存制度から一定の影響を受けている。一般市街地に比べて敷地規模が大きい中川運河沿いの倉庫敷地では、建物を新設・更新する際に土地利用規制が適用されるからである。実際、2014年5〜8月、運河沿いの計27事業者に対して行った聞取り調査では、土地の借入れ時に植栽指導を受けたことを記憶している事例がみられた（図8）。

しかし、制度そのもの以上に興味深いのは、中川運河にあっては、植栽物が時とともに後から自然に生えた植生と一体化し、群落をなしている場所が少なくないということである。とすれば、都市的な環境であっても、人の介入を抑えたまとまりのある空間を確保することで、自然生えの要素をうまくいかしたガーデニングができないだろうか。中川運河の実態はその可能性を示唆している。小売店舗のように不特定多数の訪れる施設が増えると、植物に対する管理圧が高くなることは必至である。現在の運河にみられる景観の魅力を継承するには、自然生えをあえて許divert、「自然らしさ」のマネジメントの視点も必要となるにちがいない。

中川運河は、産業インフラという枠組みのなかに意図せずして育った緑のコリドーである。しかも、通常の河川とは違って、人間のかかわりを経ることで多様性を獲得した緑である。そうしたコリドーが有する環境価値を解釈し、利用価値へと変換する発想が求められているのではないか。

*1 「SP2 運河に生える自然—1 水辺としての中川運河」を参照のこと。
*2 「SP2 運河に生える自然—2-6 緑の特徴的なカタチ」を併せて参照のこと。
*3 ① 緑化協議制度（〜2008年10月末）：敷地面積が1000m² 以上の敷地で新築・増築・改築する場合は、敷地面積に対する緑化の割合（20% を基準とする）に関する協議が必要とされた。② 緑化地域制度（2008年10月末〜）：300m² 以上の敷地で新築・増築を行う場合、敷地面積の15% 以上の緑化が義務づけられる。①②とも、中川運河の場合に即して、制度の概略のみ記した。

図8 敷地内緑化の例
上 建設時に指導を受け、運河から建物をセットバックし植栽を施した（1985年から借地）。
中 水面利用権を返還した際に植栽指導を受けて常緑樹を植えたが、自然に生えた落葉広葉樹が植栽を覆うように育った（1987年頃より借地）。　**下** 名古屋港管理組合のパイロット事業で採択された商業施設の運河側に公開された空間（2013年1月決定）。

B1

運河を挟んで向き合う
対をなす両Ａ面の町

都心に食い込んだ港

中川運河は、複数地点を結ぶことのみを目的とする航路ではない。両岸は運河土地式で整備された産業用地であり、いたるところで荷の積降しが可能である。全区間にわたり水路であると同時に港湾施設としての機能をもつ中川運河は、都心近くまで食い込む「細長い港」と言ってもよいだろう。この運河が今なお名古屋港管理組合の管理下に置かれているのは、たんなる行政技術のレトリックではない。

図1　中川運河沿岸の景観

中川運河の景観をとらえるうえでも、港としての運河という基本設定が大きな意味をもつ。沿岸敷地では、運河からの搬出入にとって便利な配置、形状、設備を備えた建築物が空地を挟みながら展開している（図1）。結果として、街路の両側に軒を連ねる商店のように、運河を挟んだ両サイドに似たような機能と形態を有する建物が並ぶことになる。

「控え」の空間

こうした中川運河の護岸に立つとき、われわれは、運河を挟んで向き合っているような感覚に駆られることがある。理由は何だろうか。直線上に整序された敷地に、壁面線やスケール感の揃った倉庫・工場が建ち並んでいるからだろうか。そうした統一性が一因であることは間違いない。

しかし、同時に重要なのは水路幅がもたらす効果である。中川運河の両護岸の距離は、本線の大部分の区間で60ｍ余り、かつて船溜りとされた小栗橋＝長良橋間で90ｍほどである。戦後復興で整備された名古屋の100ｍ道路、久屋大通や若宮大通に当てはめると、両側の歩道縁を結ぶ距離より若干狭い程度である。しかし、これらの通りでは、中央が緑地、高速道路、バスターミナルなどに充てられているため、「対岸」を意識することはほとんどない。対照的に、中川運河では、意識せずとも自然に対岸の風景が視界に入ってくる。これは何よりも、障害物のいっさいない水面が向こう側を眺めるための「控え」の空間として機能するからだ。

控えの空間は、たんなる空疎な広がりではなく、対象物をとらえる人の視覚に大きく働きかけるものである。手近な蓋なしの空き箱で実験するとわかるように、近くから箱を覗いたときに得られる立体感は、箱を視点から

離すにつれて失われてゆく(**図2**)。距離が圧縮効果を生むことで、3次元の空間が平面化して感じられるからである。

同様のことが中川運河にも当てはまる。奥行きの小さな敷地を最大限活用するために、護岸のライン上に建てられた倉庫・工場は、壁面線が揃った凹凸の少ない対岸景観をつくっている。さらに距離の圧縮効果が加わると、向き合う2隻の屏風のごとくフラット感に変わる。人の眼差しを通して中川運河らしい景観を表現しようと試みた、メッツラーによる景観復原作品を参照してほしい(**SP4参照**)。フラット感の意味が理解できるだろう。メッツラー作品は、アクチュアルな経験世界を超えるために一点透視の写実的表現をあえて排する。そうした作風ゆえに、控えの空間の向こうに立ち上がる景観への気づきを与えてくれる。

建築物の大胆さ

中川運河が向き合う感覚を醸し出すにふさわしい幅員を有するとしても、それは、あくまで建物のスケールに対する相対値としてである。本線沿いの奥行き36mの倉庫敷地では、間口15〜20m、軒高10〜13m程度の倉庫が一般的である。これは、4階建てアパートくらいの高さに相当する(**図3**)。戸建て住宅スケールの建築物が並んでいたならば、向き合っているとは感じないだろう。

たんにボリュームがあるだけでなく、遠目からでも輪郭がはっきりと分かる明瞭な建築物であることにも、併せて注目しておこう。運河沿いの建物の特徴は、住宅や店舗のような歩行者の目線に向けたディテールではなく、

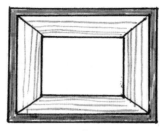
近くから箱を覗く

遠くから箱を覗く

図2 距離による視覚の圧縮

図3 水路幅と建築物のスケール
堀川(左)では、狭い水路沿いに背丈の高いマンション・ビルが建っているため、両岸が一体の空間のように知覚されやすい。対する中川運河(右)では、広い水路を挟んだ「こちら側」と「あちら側」が各々独立した存在となり、面を向け合っている感覚をもたらす。しかし、護岸上の建物が小さすぎれば、「あちら側」の存在感が薄れてしまうだろう。

水と空の明快さに負けない、サインペンで描けるようなある種の大胆さにある。壁と開口部が人の顔と口のような印象を呈し、見る者に対して、対岸の建築物がこちらを向いているという印象を与えるのである（図4）。

2つの対称軸

ところで、産業用地として整備された中川運河では、空間構造そのものが水路の中心を軸とする線対称になっている。とくに、水運が活発だった時代には、荷物の積降しが護岸と直交する方向の動線をつくり、かつ運河中ほどを通る航路を挟んで180度裏返しとなることで、両岸の間に向き合う感覚を醸し出していた。

水運の衰退とともに運河の軸線を実感する機会は減ったが、中川運河には、見逃すことのできないもう一つの対称軸がある。倉庫・工場が列をなす両岸の倉庫敷地である（図5）。運河・道路の両サイドから搬出入を行った時代に建設された建物は、両方の面に開口部をもっている。今日では、運河に面した扉を閉ざしたままの事業者もみられるが、建築デザイン上は、明確な「表」「裏」がつきにくい。中川運河の歴史に因んで昭和らしい表現をするならば、タイトル曲・カップリング曲をともに同等扱いする、「両A面」のような建物が並んでいるということである。あるいは、ともにプロモーションしないという意味で、「両B面」と言うべきか。

もちろん、機能的にみれば、タンカーからの給油などを除いて、物流が道路側に限られている現在では、運河側は明らかに「裏」である。しかし、商業施設の「裏」と、インダストリアル空間（B2参照）をなす中川運河の「裏」では、少し様子が違う。商業施設の裏側では、室外機、換気フード、雨どい、ゴミ置き場、搬入口など、人目にふれさせたくない物が配置されている。客の目にアピールする「表」とのコントラストはあまりに強烈である。対照的に、インダストリアル空間にあって搬入口は、むしろ最も重要というべき「表」の面である。工場なら変電設備や室外機なども並ぶが、運河側に建物が迫っているために、メンテナンスを要する設備は、しばしば道路側や敷地内

図4　顔を開ける倉庫
左　小栗橋南西　　右　東支線北側

の空地に置かれる。古い倉庫を使いつづけている事業所では、運河側の開口部を開放し、空調なしで済ませることも多い。ガラス面の少ない大容積の空間では、運河からの風を取り入れるだけで十分なのだろう。

向き合って発展した町

2つの対称軸を擁するユニークな空間構成が中川運河に成立したのは、運河とセットをなす交通軸として、「人工の自然堤防」上に都市計画道路を通したことによる（**A3参照**）。興味深いことに、両方の対称軸の存在を同時に確認するための視点は、護岸上でも船上でもなく、道路側で得られる。道路に面したファサードは運河側の壁と対をなし、運河を挟んで向こう側には、再び明るく陽を浴びたファサードが見える（**図6**）。倉庫の取壊しにより、こうした空間経験のできる場所が大部分失われていることは、いささか残念である。

対をなす町名（**A1参照**）に象徴されるように、中川運河の両岸はバラバラに発展したのではなく、兄弟のように向き合って存在してきた。

胸の前で掌を合わせて、それを少しずつ離してみよう。肩幅よりやや広く、自分の視界の中で掌どうしがきちんと向き合っている形をつくれる限界が見定められただろうか。それが中川運河である。中川運河では、「あちら側」と「こちら側」が過度に干渉することはない。それでいて、両岸の土地利用が異なる運河にはない、向き合っているがゆえの空気が確かに存在する。

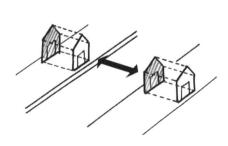

図5　2つの対称性
中川運河は、水路を挟んだ両岸と倉庫敷地の運河側と道路側という、2種類の対称性を有する。

図6　倉庫を介して見る運河
運河と道路に向けて穿たれた開口部を通して見る水面や対岸の倉庫は、中川運河らしさを強く感じさせる景観の一つである。

B2

インダストリアル空間

往き合う水緑と工作物

無口に働く空間

　工業や物流に対して、われわれはどんなイメージをもっているだろうか。おそらく、グレーな景色とか、ざらついた感触、煙や淀みが発するにおい、機械音というように、知識よりも五感と結ばれたイメージではないか。中川運河を歩けば、そうしたインダストリアル空間に身を置いていることを誰もが察知するだろう。

　港湾地区の指定を受けた中川運河沿いの倉庫敷地には、倉庫や工場など、限られた用途の建物しか立地しない。細長い工業団地のごとき空間をなすということ。それ自体が中川運河の景観を大きく特徴づける。平日の運河では、倉庫や工場の中で動く機械やリフト、クレーン、出入りするトラックが終始音を発している。厚い防音ガラスに守られたオフィスビル街よりも、ある意味、活力やエネルギーが体感できる。

　ところが、中川運河沿いの建物への出入りは、今ではすべて道路側から行われている。そのため、橋や護岸の上に立つと、眠ったかのような景観に包まれることになる。かつて運河からの荷役に使われた大きな開口部は、扉を堅く閉ざし、ほとんど壁の一部と化している。

　再び道路側からアプローチしてみよう。商業施設とは違って、倉庫や工場に人目をひく看板や装飾は必要ないし、客を招き入れるための設えも最小限でよい。外来者は、どこに「受付」らしきものがあるのか、まずそれを見つけるのに苦労する。近づけば音、においがあり、当然ながら危険もある工業地域は、無用の者がウロウロする場所ではないからだろう。

　つまり、眠ったかのような風景の正体は、愛想を振りまく暇もなく、口をつぐんで仕事する空間にほかならないということだ。建物、資材置場、駐車場……すべてが黙々と働く労働者の姿を思い起こさせる (図1)。

控え目な額縁

　倉庫・工場建築では機能性が追求される。スペースを効率的につくる鉄骨ラーメン構造に、スレートや成型鉄板など、安価でメンテナンス性の高い外部素材を組み合わせるのが基本である (SP3参照)。最近はガルバリウム鋼板も多い。結果として、建築協定を結んで素材や色彩を決めたわけでもないのに、類似した素材・形状の建物が建ち並ぶことになる。しかも、加工・荷役作業を効率化し、荷物管理を徹底する必要性から、壁面への窓の配置は必要最小限にとどめられている。また、36mしかない倉庫敷地の奥行きが高層建築の出現を抑制するためか、倉庫・工場の屋根並みも比較的揃っている。

　素材の統一感は、経年変化とも関係している。建材が年輪を重ねる前に建て替えられることの多いオフィスビルやショッピングセンターとは違って、中川運河には護岸や橋、古い倉庫など、戦前・戦後期の建造物が多く残

っている。だから、「ツルツル」「ピカピカ」の人工物で満たされた栄や名古屋駅周辺に対して、中川運河は「ザラザラ」「デコボコ」している。より分析的な言い方をするなら、素材の地味さに経年変化による彩度低下やほころびが加わって、中川運河の地色をつくり出しているということだ（図2）。

夜の景観はどうだろうか。日が傾くと、夕日を背にした倉庫が真っ暗なシルエットに変わる。ほどなくして、操業を続ける倉庫の高窓から洩れる光が唯一のライトアップとなる。夥しい数の街灯・信号機、ネオンサイン、車のヘッドライトなど、発光体だらけの都会では、特別なイベントでもないかぎり夜闇は経験できない。しかし、都心からわずか数キロメートルの中川運河にはそれがある。黄昏から徐々に闇へ変わる夕暮れの美しさ。夕日を背にした倉庫屋根のシルエット。そして水面に映る一番星。額縁が控えめだからこそ現れる独特の絵である。

「図」をなす緑

ところで、水辺と植物は切れない仲にある。自然の河川敷には河畔林が育ち、親水公園に行くと花壇が設えられている。しかし、中川

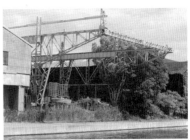

図1　インダストリアル空間の人工物
水面上に張り出したクレーン、規則的に積まれた鋼材や材木、燃料タンクは、ここがインダストリアル空間であることを伝える「無口」な証人である。

図2　自然物と人工物
中川運河では、人工的な素材が経年変化を経ることで、自然物と渾然一体となる様子をしばしば目にする。

素材の間の境界が明快

↓

腐食・割れ・ゆがみ等による境界のほころび

運河のインダストリアル空間を演出するのは、プロムナードの整然と美しい並木ではなく、護岸の際や倉庫壁面に生存空間を見出した緑である。それが、「無口」なキャンバスたる壁面を引き立てている（図3）。

水辺の緑道のように、緑地として計画的に整備された空間では、緑のなかにベンチや外灯などの人工物が置かれる。いわば緑が「地」となり、そのなかにある人工物や人・動物が「図」をなす。ところが、中川運河では関係が逆転する。植物は、自己主張しない護岸や壁面を背景として、枝葉の細部にいたるまで展示作品のように映える。つまり、緑が「図」をつくるのである。その際に重要なのは、運河沿いの景観を構成する色彩である（**SP3**参照）。視界の大部分を空と水が占め、次に目に入る倉庫と護岸の色はともに彩度の低いグレー系の色調である。そのため、植物の緑が鮮やかなアクセントカラーとなり、「図」としての存在感を発揮する（**図4**）。

街路樹や公園の並木のように、見られることを前提とした植栽では、配置や剪定が周到に決められている。そうした市街地の緑地整備では、植物は気ままな環境適応を許されな

いし、人工物との意外性に満ちた共演も起きない。人間の考える「自然」がかえって生の自然を押し殺しているということだ。もちろん、市街地で自然を生かすのは容易ではない。土地利用に「ゆるさ」を生じている中川運河だからこそ、あえて植物にインダストリアル空間と戯れる自由を与える、という発想があってもよいはずだ。

文字＝サイン

集客目的の広告を必要としない中川運河では、視界に入る文字の数が非常に少ない。「部外者立入り禁止」「不審者警戒中」など、不用意な徘徊を牽制する表示を別にすれば、ほとんどが企業名や倉庫番号といった現場で働く人のための標識である。それらは、建物に掛けられた看板ではなく、壁面に直接、遠くからでも見えるように大きな文字で書かれている。大面積のプレーンな壁面を有するインダストリアル空間に似合った、質素にして大胆な文字の使い方だ（**図5**）。

しかも、事業者名などは、しばしば漢字1文字に集約されたかたちで現れる。サインと

図3　プレーンな壁面に映える植物
倉庫の壁面を這う蔦類は、造園家の手によるものかと見間違えるほど、見事な絵を描いて生長する。写真左は、長良橋北東にあった名港海運長良橋倉庫。2013年秋、「キャナルアート」Project No.3の一部イベントがこの倉庫で行われたが、間もなく取り壊しとなった。

しての文字、つまりイコンは、平仮名、片仮名、漢字に加えて、縦書き、横書きを操る日本の文字文化から生まれた得意技というべき、視覚と直感に訴える表現形式である。無愛想に映る生産・物流空間を可視化するために、文字＝イコンが与える効果は小さくない。そしてそれは、運河空間のリノベーションを考える際にも、コミュニケーションデザインの要素として、高い利用価値を秘めているのではないか。

反復される形

インダストリアル空間には、もう一つ特徴がある。直方体、円柱、平行線など、同じ形状の反復である。複雑な外形をもつ工業製品でも、輸送・保管時には、低コスト化のために規格化されたケースや梱包材に入れられて、整然と並べられる（図6）。液体はドラム缶、粉物であれば袋に入れ、長い棒状の物は長さと向きを揃えて並べる。こうした形状決定の有様を観察していると、同一パターンを繰り返す樹木の枝葉のように、目的合理的に行動する自然の生命による造形と相通じるものを感じることさえある。

規格化された人工物は、とかく無機質で冷たい印象を与えるものである。しかし、中川運河では何かが違う。人造石でつくられた古い護岸、半世紀も使われつづけた鉄のクレーン、錆がかった鉄骨の建屋といった人工物が、土木空間に自然生えした植物と絡む。それによって、明らかに異なるマテリアルの集まりでありながら、截然とした境界のないまとまりを醸し出している。

往き合う水緑と工作物のインダストリアル空間。それは、長い時間の積層がなければ生まれえない、中川運河の風景の肌理だといえないだろうか。

図4　人工物と緑の関係
空間の設定しだいで、緑が地になる（上）ことも、図として働く（下）こともある。

図5　壁面に直接ペイントされた文字

図6　同一パターンの繰返し
企業が一括で借り上げる駐車場では、同タイプのトラックが並ぶことで、同形同色の直方体の連続となる。

第Ⅲ部　中川運河の空間コード

B3

鳥と風が運ぶ都市の緑

都市環境に馴染む「半自然」

多様な樹種がつくる緑

　中川運河の護岸地は、倉庫群と運河に挟まれ、周囲から孤立した細長い空間である。この護岸地で植生調査を行ったところ、全区間を通して66種の樹木が確認され、うち7割は自然生えという結果が出た(表1)。熱田神宮や断夫山古墳など、近隣の自然林よりも中川運河に多くの樹種がみられるというのは、興味深い発見である。では、そうした多様性はいかにして生み出されたのだろうか。

　一般に、自然生えの群落は、近隣から運ばれた種子の散布によって形成される。中川運河の護岸地にみられる高木の多くは、クスノキ、エノキ、ムクノキなど、鳥散布の樹種が生長したものである。また、数は少ないが、風散布の樹種が混在する群落も形成されている。鳥散布が多いのは、そもそも運河の周辺エリアに鳥散布の樹木が多く分布していること、また風散布の場合に比べて、鳥の運ぶ種子の方が護岸地に散布される確率が高いことによるのではないか。

　いずれにせよ、調査結果から樹種を丹念に比較すると、中川運河に生える樹木の多くは、近隣の公園の樹木や街路樹の種子が鳥や風によって運ばれることで芽生えたものと推定される。街路樹はもちろんのこと、公園の樹木も大部分は植栽木である。中川運河は、近隣エリアの植栽木を種子供給源とする自然生えの樹木が、護岸地で多様性に富んだ群落を形成しているという、ユニークな緑の空間だと言える。

鳥が運ぶ種子

　鳥散布による群落形成について、掘り下げてみよう。

　樹種によっては、果実のサイズが大きいために、口角幅の大きな鳥しか種子散布に貢献しないということが起きる。しかし、中川運

	総種数	うち自然生え	自然生え			植栽		
			鳥散布	風散布	散布力等	鳥散布	風散布	散布力等
中川運河	66	46	39	5	2	14	3	3
社寺林	47	19	14	1	4	22	1	5
公園等	80	5	5	0	0	58	6	11
街路樹	12	0	0	0	0	10	1	1

表1　中川運河／近隣エリアにおける種子散布型別の樹種数
近隣エリアについては、運河から500m以内に分布する社寺7箇所、公園等7箇所、街路樹を調査した。

```
(建築物)                              陸側
 34   30   45   16   44        護
  7    1   12   12   13        岸
 14   18   24   24   27        地
 ～～～～～～～～～～～  運河側
```

図1　高木・亜高木の位置別個体数
護岸地の奥行きが2m以上ある25箇所を調査地とし、累計を図中に示した。建築物近傍、護岸地の中ほど、運河近傍の3つの帯状エリアを設定し、さらに各々について、南北方向の位置を識別した。

河の群落は、都市鳥の普通種の多くが食べることのできる樹種で構成されている。具体的には、クスノキ、ムクノキ、エノキ、センダン、ナンキンハゼ、アカメガシワ、トウネズミモチなどであり、いずれも近隣エリアに植栽木として分布している樹種である。[*2]

各群落の優占種を調べると、鳥散布の樹種は、分布の偏りが少なく、運河全体にランダムに分布していることがわかった。これに対して、風散布のシンジュは、運河の北の方に限られ、優占種ではないが同じく風散布のアキニレ、トウカエデなども分布エリアが限定的である。他方、現状では、いわゆるドングリのなるブナ科の樹木（コナラ、アベマキ、アラカシ、シラカシ等）の自然生えは確認できない。これは、ネズミなど、地上を移動する動物による種子散布が少ないためであろう。

護岸地で鳥散布が行われる様子を探るには、各群落内における樹木の配置が重要な着眼点となる。調査の結果、高木・亜高木は護岸地内でも倉庫の至近に最も多く生長しており、南北方向の分布の偏りはあまりみられないことが判明した（図1）。倉庫屋根や植栽木に留まった鳥が種子を散布することで、護岸地における群落の形成が始まる。そういうプロセスを描くことができそうだ（図2）。

さらに、運河に飛来する鳥の動きを仔細に観察すると、運河を挟んで橋梁や倉庫屋根、護岸地に生長した樹木の間を頻繁に往来している様子を見てとることができる。護岸地で早期に果実をつけた樹木は、しばしば、運河内の近隣他所に対する種子供給源として機能しているのではないだろうか。

ユニークな樹種の組合せ

次に、群落内での樹種の組合せに注目してみよう。

公園、街路樹、社寺林など、市街地に整備された緑被地では、一般に、植栽する場所の条件や目的に応じた樹種が選定される。たとえば、景観保全に適した樹種、公害に強い樹種などである。対する中川運河では、そうした植栽木の種子が鳥や風によって運ばれ、護岸地にランダムに散布されるため、通常みられない樹種の組合せをもった群落が形成される。一部には、地下茎を伸ばして土地を占拠したとみられるシンジュ群落、鳥による集中的な種子散布によって形成されたとみられる

[*1] 植生調査の方法や詳しい内容については、「SP2 運河に生える自然―2 緑の調査」を参照のこと。
[*2] 中川運河の鳥と種子散布の関係についての詳細は、「SP2 運河に生える自然―3 中川運河の鳥」を参照のこと。

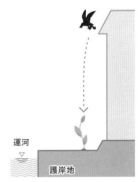

図2　鳥による種子散布の模式図

トウネズミモチ群落など、特定の種が土地を占拠している群落もみられる。

現時点では、予想される遷移過程の比較的初期の段階にある群落が多く、そのことが中川運河の緑に対して樹種の多様性という大きな特徴をもたらしている。しかし、やがて遷移が進行すれば、優占種が繁茂する一方で、他の種は枯れて消失してゆく。近隣の社寺林の状況を参照すると、クスノキの優占状態へ向かう群落が多いものと推測される。[*3]

樹種の多様性を中川運河の特徴として保全することは可能だろうか。そのためには、自然生えの植物をいかしつつも、一定の管理が必要になろう。具体的には、亜高木層や低木層で生長しつつあるクスノキ、狭小な土地を占有するシンジュ、集中的な鳥散布を受けて繁茂するトウネズミモチを間伐し、これらによる占拠状態を回避するなどの方法である。

季節とともに変わる緑景観

護岸地の群落を景観としてみると、どのような特徴が見出せるだろうか。[*4]

高木層では、上位11種で観察個体数の約90％を占めた(図3／表2)。落葉樹の多さが際立っており、常緑樹はクスノキ、カイヅカイブキ、トウネズミモチに限られる。しかも、これら常緑樹のうち、樹高が10m程度に達しているのはクスノキのみである。そのため、春から秋までの葉のある時期と落葉状態にある冬では、護岸地の緑量に大きな差が生じる。他方、サクラやセンダンの個体数は多くないが、花実の地味な木が多い中川運河では、開花とともにその存在感が高まる。

低木層は、上位11種で個体数の約75％に相当する。そのほかに、個体数の少ない59の樹種が確認された。低木層では常緑樹が多い。低木ゆえに単体では目立たないが、個体数が多いため、一年を通じて維持される緑の視覚的効果は小さくない。ノイバラやタチバナモドキのように花実が目立つ種の個体数が多いことも、低木層の特徴である。これらが低木層を占拠している群落もあることから、ノイバラの白い花やタチバナモドキの赤い実は、運河景観を印象づける存在と言える。そのほか、将来は高木層の優占種になると予想

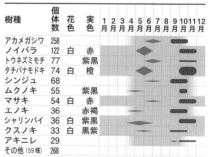

図3 中川運河における主要な景観構成樹種
葉のある季節　◆花が咲いている季節　●実が熟している季節　※花・実とも、目立ち度を大きさで3段階表示
個体数は群落49箇所の調査結果にもとづく。花色・実色が淡黄色・淡緑色など、目立たない色の場合は、空欄にしてある。
花実の時期については、馬場多久男『花実でわかる樹木951種の検索』(信濃毎日新聞社、2009年)を参考にした。

されるムクノキ、エノキ、クスノキの幼木も生長している。

「半自然」の妙味をいかす

都市内の空地で自然に任せた緑化を行えば、中川運河のような緑が形成されるだろう（図4）。ここで考えるべきは、このような緑にいかなる価値があるのかということである。

中川運河に自然生えしている樹木は、人の手で整備された近隣の緑地や庭木に種子供給源をもつため、都市環境に適した樹種が多い。街路樹から種子散布された種には、生長が早い、公害に強い、乾燥気味の土地でも生長できる、といった特徴がある。公園や庭木から散布された種であれば、花実の観賞用に優れるものが多い。中川運河の緑は、植栽木由来で鳥散布の種に偏向しているが、それゆえ、都市における緑地景観の創造に適した樹種で構成されているとも言える。特定外来植物や外来種の繁茂を抑制しつつ、樹種の特性に応じた保全を行うことで、自然生えをいかした魅力的な緑地形成が可能となるのではないか。

都市緑地は、ヒートアイランド現象の緩和や生物多様性の保全に貢献するだけでなく、都市住民にとって自然を象徴する存在である。しかも、中川運河の緑には、もう一つの大きな付加価値がある。都市環境への適応性が高い植栽木を起源としつつも、鳥や風といった生態系の回路を経て産み落とされた、自然のリズムを織り込んだ緑だということである。「半自然」というべきこの緑がもつ妙味は、自然生態系と融合した都市づくりという現代の都市に共通の課題に対して、多くの示唆を与えるものと言えまいか。ポストフォーディズム時代の新たな産業都市の姿を模索する名古屋にとっては、なおさらのことである。

*3 群落の遷移過程については、「SP2 運河に生える自然―2-4 植物群落の形成」に詳しい説明がある。
*4 中川運河では、高木層でも樹高10m程度の木が多いので、一般にいう亜高木層もここでは高木層に含めた。また、自然生えと植栽木が一体化した群落も少なくないので、植栽木も含めて検討する。

表2　主要樹種の生育特性

種子散布	生長	耐公害性	耐潮性	乾湿性
クスノキ ●	早	強	強	湿
カイヅカイブキ ●	遅	強	強	乾
エノキ ●	早	中	強	中
ムクノキ ●	早	中	強	中
シンジュ 〇	早	強	中	中
アカメガシワ ●	早	中	中	湿
トウネズミモチ ●	早	中	強	中
ナンキンハゼ ●	早	中	強	乾湿
サクラ類 ▽	早	弱	弱	中
センダン ●	早	中	強	中
アキニレ 〇	遅	強	強	湿
ノイバラ ●	早	中	強	乾
タチバナモドキ ●	早	中	強	乾湿
マサキ ●	早	強	強	乾湿
シャリンバイ ●	遅	強	強	中

● 鳥散布　▽ 風散布　〇 植栽　生育特性については、日本造園学会編『造園ハンドブック』（技報堂出版、1978年）を参考にした。

図4　敷地境界で変わる緑景観
中川運河では、賃借事業者の交代時に一掃された護岸地に、時とともに自然生えの群落が形成される。このため、貸付地ごとに群落形成の開始時期が異なり、敷地境界を挟んで経過年数の異なる群落が林立している。こうした景観は、土地の貸付管理と自然群落の放置という、ある意味矛盾した条件下で生まれている。市街地でも稀有なタイプの景観である。

B4

連続体の美学
時を刻むボートスケープ

制約条件が生むユニークさ

中川運河のイメージは、水面、倉庫、橋といった個別要素だけでなく、それらの連なりが生み出す視覚効果に大きく規定されている。運河をひと繋がりでみる際に重要な意味をもつのが、直線の水路と両側の建物からなる空間構成がもたらす視点場の制約である。制約条件がユニークな景観を生むというのは逆説的に聞こえるかもしれないが、中川運河はその典型である。

日常生活のなかで、中川運河の全容を直接見ることはできない。地上から中川運河を眺められるのは、橋と護岸の上にほぼ限定され

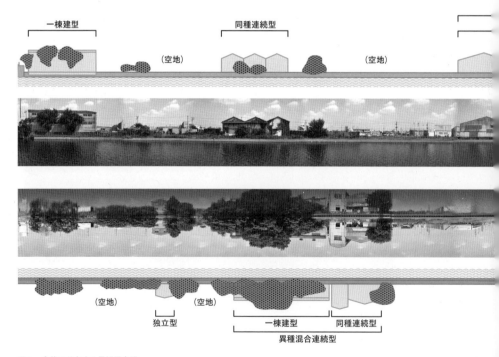

図1　島状に分布する景観要素群
（図中の類型については、図2参照）

るからである。物見櫓になりそうな高い所は、名古屋港の大観覧車くらいしかないし、これとて、実際に乗って上から運河を眺めた人は多くないだろう。結果的に、中川運河に対する人々のイメージは、護岸と橋という視点場の設定に大きく依存することになる。護岸上から運河を挟んで対岸と向き合う感覚（**B1**参照）は、橋の上に立って見渡すパースペクティヴと組み合わさることで、運河に対する人々の空間認識の基本型をかたちづくる。そして、運河沿いのさまざまな場所の記憶が束なることで、1点からの空間認識が線または面へと繋がってゆく。

スケールの大きな運河があると知りつつ、実際に見ることは難しい。中川運河にはそういうジレンマがある。だからこそ、船に乗って運河を突き進むチャンスを得た人は、もやもやが突如晴れ、自分のなかにあったリアリティが絵巻物を手繰るように姿を露わにするのを前に、新鮮な感動を覚えるにちがいない。移動する身体と物理的な環境のやりとりによって像を結ぶ一つの連続体。そういう視点から中川運河の景観を考えてみよう。

ボートスケープに現れる物語絵巻

船上から見る中川運河の景観は、移動しながら眺めるシーンの連なり＝シークエンスである。ラスベガスの風景を車から眺める「オートスケープ」として描き出したR.ヴェンチューリに倣えば、「ボートスケープ」と言えようか。運河沿いに建つフラットな建物と狭い護岸地に生える植物、それらに挟まれた空地が連なるさまを見ると、長大な2隻の屏風の間を進んでいるような感覚にとらわれる（**図1**）。船と護岸の距離はせいぜい40〜50mであるから、見渡せる範囲はおのずと限られてくる。そうした空間構成上の設定条件が、移動することによって体感されるボートスケープの特徴を際立たせる。

ボートスケープの基準線をなすのは運河の護岸である。閘門式運河の安定した水位ゆえに、水面上に露見している護岸のエッジは、一般的な河川では見られない高さ1m弱の見えがかりである。そのため、対岸からは、面というよりはほとんど一本のラインとして認識される。護岸上には、建築物・工作物、植物、空地といった限られた要素が列をなし、帯状の景観を生み出している。そこに移動という時間軸が加わることで、物語の展開を時系列で記述した物語絵巻に似た景観構造が現れる。

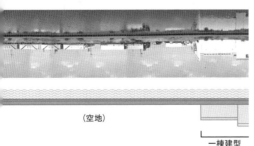

多島海に浮かぶ島

　ボートスケープの構成要素は、均質に配置されているのではない。建築物・工作物が植物のコロニーを従え、空地を挟みながら、断続的なまとまりをなしている。

表　建築のタイポロジー

妻入型　奥行きが大きく、間口が狭い建物では、妻入型が多い。また、間口が広い場合でも、妻入型の連続によって印象的なシルエットが形成されることがある。

平入型　奥行きが小さい建物では、運河沿いに細長く建てるために平入を採用するものが多い。奥行き、間口ともに大きい場合でも、長手方向に屋根の棟を合わせるために平入型となることが多い。

陸屋根型　近年の建築物では、構造や内部空間の効率的利用のため、容積を最大限利用できるシンプルな陸屋根とするものが多い。

図2　「まとまり」の類型

建築物・工作物のまとまりに目を向けると、その連続の仕方にはいくつかのパターンが認められる。中川運河全体を見渡すと、小栗橋南西や中野橋南東などのエリアに代表されるように、妻入の連続するパターンが多く見出される。これを中川運河の建築群を代表する形態として位置づけることも可能であろう。もっとも、近年では、広い敷地に多機能の大型倉庫を建てる例も増えている。建替えが進むなかで、今後、妻入の連続がどれだけ残っていくかは予断を許さない。

　植物は、建築物・工作物と水面の間の狭い帯状の空間に集中し、水面近くに達しているものもある。そうした水際の緑の存在によって、倉庫敷地との段差の印象が弱められ、建物と緑の群落が細い基準線の上でまとまって見える。さらに、穏やかな水面に映る鏡像の効果（**A2**参照）が加わることで、これらの要素のまとまりがほとんど水面に浮かんでいるような印象を与える。干満の差が小さいバルト海に浮かぶ小さな島々を想起させる景観である。

　多島海に浮かぶ島のごとき中川運河の景観では、空間配置上、空地が無視できない要素の一つとなっている。空地があるおかげで、運河に並行する道路から水面へアプローチする視点が得られる。またそれだけでなく、中川運河のボートスケープにメリハリを生み出し、産業空間にありがちな単調さから免れるために、空地がもつ意味は大きい。

時間を刻む風景

　ここで、中川運河の景観を主要な要素に分けて、ディテールに少しこだわってみよう。

護岸　改修工事などを受けて、継ぎ接ぎ状に

同種連続型　同じタイポロジーに属する建築物が連続するパターン。妻入型の連続が多く、平入型・陸屋根型が繋がることは稀である。

異種混合連続型　隣接した敷地に異なるタイプの建築物が隙間なく建つ。同一事業者の敷地内で混在する例もある。とらえる範囲によっては、同種連続型もこのパターンに包含されうる。

姿を変えてきた。おおむね古い順に、①旧物揚場型、②旧護岸型、③旧護岸補強型、④新護岸張出型の4類型が認められる。[*1]開削当初から水運が盛んだった1960年代初めまでは、①②のタイプの護岸が運河全体にわたって連なっていた。水面へのアクセスを重視したデザインゆえに、荷揚げには便利だったと考えられる。その後、水運から陸上輸送への転換と護岸の老朽化が進むと、③④のタイプの護岸が順次整備されていった。旧護岸を覆い、構造的に補強するこの改修工事は、同時に、水陸の距離感の拡大、ひいては親水性の喪失をもたらした。

建築物・工作物 運河と道路の間の倉庫敷地は、開削当初から戦後まもない時期まで、主として物揚場や資材置場として使われていた。その後、高度経済成長期にかけて運河沿いに多くの倉庫や工場が建てられ、クレーンが水面上に張り出す景観が生まれた（**A3**参照）。しかし、中川運河が物流の動脈としての機能を失い、トラック輸送中心の物流に道を譲ると、倉庫・工場の建替えや取壊しが相次ぐようになる。現在では、部分的に残った物揚場やトラックヤード・資材置場のほか、取壊し後の更地が加わり、水運最盛時に比べて運河沿いの空地が多くなっている。こうした過程を経ることで、今日にみるような大小の空地を挟んだ建築物のまとまりのリズムがつくられていった（表／図2）。

植物 産業インフラとして開削された中川運河には、当初、植物がほとんどなかった。また、水運が盛んなうちは、荷物の揚降でたえず人や物が行き来していたので、護岸地には植物が生えにくく、邪魔になるような草木は除去されていたと考えられる。しかし、水運が衰退し、護岸地が使われなくなると、そこに管理の行き届かない「隙間」が生まれ、自然生えの植物群落が形成されていった（**B3**参照）。事業者がどのような管理を行うかにもよるが、植物群落は建築物とセットで現れることが多い。このことが、水面に浮かぶ島を連想させると先に述べた、景観の印象をいっそう強めている。

　以上のように、景観要素を個々に観察すると、時代とともに変わりゆく産業や流通のあ

*1　護岸や建築のタイプ分けについては、「SP3 運河景観の定点観測──4 護岸と建築のタイポロジー」に詳しいデータがあるので、参照されたい。

独立型　敷地の中に単独で建つパターン。建築物が解体された後の空地、あるいは駐車場や資材置場として確保された空地に囲まれて、倉庫や事務所が建っている。

一棟建型　近年の倉庫の大型化に伴って現れたパターン。2～3層の倉庫も建てられている。冷凍機能を備えるなど、従来の倉庫よりも多機能化していることが多い。

り方がそこに映し出されていることに気づく。護岸の上で建築物・工作物と植物が絡む風景は、開削以来の中川運河の時間を刻みつづけているのだ。

風景を分節する橋

さて、中川運河のボートスケープでは、多くの「島」が漫然と連なっているのではない。絵巻を手繰るように運河を進む際に、幕間の効果を与えてくれるのが、ところどころに挿入される橋である。船が橋下に入ると景観が一瞬途切れ、橋の陰による暗転を経て次のシーンへと繋がる。

長時間にわたる劇や映画において、小休止をなす幕間は、場面転換を行うことで物語にメリハリや新たな展開をもたらす。だから、観客の気分が幕間から受ける影響は大きい。同様に橋は、風景に節目をつけ、橋と橋の間をひとつのまとまった風景として印象づける。船に乗って橋をくぐる瞬間、橋と橋脚は向こうの景観を切り取るフレームとなる(図3)。運河を長大な楽譜に譬えるなら、橋は小節線のような役目を担っていると言えそうだ。

さらに、こうした橋の存在は、運河を軸線とする都市空間の知覚認知にとっても、大きな支えとなるのではないか。港から都心へほぼ一直線に掘られた中川運河は、市街化が進んだ現在では、都市空間に切り込まれた細長い回廊のごとき様相を呈している。南北8km余りに及ぶボートスケープは都市の断面でもあり、そこには名古屋という都市が辿ってきた遍歴が見事に表れている。そして人々は、運河周辺の町名を冠した橋の名前を参照することによって、都市のなりたちを風景として写し取った物語絵巻のなかに、自分の現在地を位置づけることができる(**A1参照**)。

都心部に近いエリアでは、運河沿いに間口の小さな倉庫や工場が並び、低層家屋を挟んで背後に名古屋駅周辺の高層ビル群が聳える。港に近づくにつれて、倉庫や工場が大型化し、運河に並行する道路沿いのところどころには、大型マンションが南を向いて建っている。年代的にみると、都心寄りに古い倉庫や工場が多いようだ。このように、中川運河をクルーズすると、都心から海に向けた都市の拡大を追体験する感覚が得られる。そうした体験を通じて、橋を節目とする部分スキャンが鎖のように繋がり、記憶のうちに積もってゆく。

連続の中の不連続がつくるリズム

中川運河の景観を個々の視点場からの眺めではなく、ひと繋がりの全体性としてとらえれば、そこに2つの時間性がみえてくる。一つは、さまざまな表情をみせる人工物や寄り添う緑によって体現された運河の履歴。それらは時代とともに更新され、しばしば新しい要素を身に纏う。新旧が一体となることで、過去を彷彿とさせつつ、同時に、現在そして

図3 風景のフレームとしての橋
上　長良橋　　下　昭和橋

未来へ向かう人間のうごめきを感じさせる。

もう一つは、都心から港まで連なる物語絵巻のシークエンス。そこでは、海を開拓した土地に変えた都市の地・層（**A1**参照）が、船に乗って移動する身体の時間へと翻訳される。そして、長短さまざまな間隔で挿入される橋は都市のパノラマを与えるとともに、絵巻の連続のなかにリズムをつくり出している。これらが合わさる時間のモザイクこそが、中川運河の景観をつくり上げているのではないか。

中川運河では、空地を挟んだ景観要素のまとまりに、さまざまな時代性を背負った断片が組み込まれている。それらが連なり、橋によって分節化された運河空間は、市街地を貫通する都市の断面でもある。中川運河のボートスケープを経験したわれわれは、両側に建物がびっしり建ち並ぶ都心の掘割にも、河畔に木立が連続する郊外の河川にもない独特のストーリーが両側を流れてゆくのを体感する。それはおそらく、運河が辿ってきた遍歴と結ばれた、連続のなかの不連続とでも呼ぶべきリズムではないだろうか。

CODE B

● 近代化産業遺産としての中川運河

近年、中川運河の景観をかたちづくってきた歴史的な倉庫やクレーンなどの工作物が失われつつある。もちろん、これは今に始まったことではなく、長きにわたる運河の変遷の一断面に過ぎないとも言える。変化もまた、中川運河の景観の一部であるからだ。しかしながら、近代産業都市の発展の歴史を刻み込んだ景観を、何の議論もないまま更新していくことには、いささか危機感を覚えざるをえない。このユニークな景観は、どこにでもある景観へといとも簡単に堕してしまうからだ。

近い将来には、中川運河および周辺の土地利用に大きな変化が訪れるだろう。市民に対してより開かれた運河が姿を現すにちがいない。それに伴って、景観も大きく変わってゆくことは免れない。とすれば、産業インフラとしての歴史を背負った運河がもつ特徴的な雰囲気を、どのように継承すればよいのか。松重閘門のような評価の定着した文化財だけでなく、土木・建築空間としての運河全体に可能性がある（**図4**）。たんなるノスタルジーに陥ることなく、何を残し、何を変えていくのか、議論を重ねるなかで見極めてゆくべきではないだろうか。

図4　近代産業化の生き証人
　左　開削当初につくられた橋梁は、親柱や欄干に当時最先端だったアールデコの意匠を纏い、モダンの時代の雰囲気を今に伝えている。写真は小栗橋の親柱。　中　石積み護岸は、石垣から鉄筋コンクリートへ移行しつつあった時代の治水土木技術を教えてくれる貴重な遺構である。木造倉庫の壁面と石積み護岸のテクスチャーの組み合わせが、運河が辿ってきた歴史を物語る。　右　張出し護岸の上で行われた中川運河キャナルアートのコスモスプロジェクト。ここに共同で花の種を播くことによって、新たな親水性を生み出そうと試みた。

C1

名古屋の大静脈
「水縁」から生まれたビジーな町

都心と港の間に潜む郊外

中川運河の調査でしばしば苦労をしたのが、交通アクセスの悪さである。平日の午前10時に地下鉄栄駅を出発し、鉄道と徒歩のみで移動したと仮定してみよう（**図1**）。都心から東方向は、地下鉄の運行頻度が高いこともあって、30分もあれば郊外の長久手市まで到達できる。対照的に、中川運河周辺では等時間曲線が大きな湾曲を描き、直線距離にしてわずか3kmの長良橋付近で早くも所要30分を超える。地下鉄名港線が近くを通る運河の港寄りエリアは、計算上30分圏に含まれる。しかし、運河を渡るには、数本しかない橋を経由せざるをえないので、ほとんどの場合、実際の所要時間はずっと長くなる。

他方、運河沿いに走る基幹バスは、周辺住

図1　地下鉄・栄駅を起点とする等時間曲線
栄駅を平日午前10時に出発したと仮定し、鉄道所要時間に降車駅からの徒歩所要時間（80m／分）を加えて計算した。2015年3月時点の実際の運行ダイヤをもとに、栄駅に10時にいる人が各駅にいつ到達できるかを、待ち時間・乗換え時間を含めてシミュレートしてある。そのため、運行頻度の低い路線や乗換えに多くの時間を要する路線では、所要時間が長くなる傾向にある。他方、徒歩所要時間については、直線距離にもとづく単純計算値を使用している。したがって、渡河点の限られる河川・運河等が途中にあると、実際の所要時間は大きく膨らむ。
以上の条件設定に従えば、中川運河の港寄りエリアに到達するには、名古屋駅での乗換え時間が長く、運行頻度も低い名古屋臨海高速鉄道（あおなみ線）を使うよりも、地下鉄名港線の駅から歩くのが早いことになる。図にはこれが反映されている。もちろん実際には、渡河点の少ない中川運河を挟んで目的地と反対側にある鉄道駅を利用する人は少ないだろうから、運河の南西エリアでは、あおなみ線を利用するのが現実的な選択肢となる。ともあれ、中川運河周辺が、都心からの距離の割に公共交通によるアクセスに恵まれていないのは確かである。

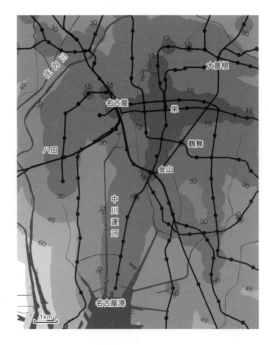

民にとって重要な交通手段である。主要な橋詰で東西方向に乗り換えることもできる。しかし、1時間に3本ほどの頻度では、急いでいるときの移動手段にはなりにくい。むしろ、地下鉄駅まで1.5km歩いた方が早い場合もあるが、高齢者などの移動弱者にとっては、そのような選択肢はない。結果的に車の利用が多くなり、名古屋中心部からさほど離れていないにもかかわらず、郊外にいるような感覚になる。事実、小栗橋より南では、車移動を前提とした郊外型の店舗が多く立地しており、食事の際には駐車場のある幹線道路沿いの飲食店を探すという行動になりやすい。

こうした交通面のエリア特性は、物流軸の構築と工業振興を追求した中川運河の開発の歴史と深く結ばれている。産業活動のために用意された輸送路はほかならぬ運河であり、水運が衰退すると、運河と一体整備された都市計画道路が主要な交通インフラとなった。鉄道は、貨物輸送のために笹島の堀留で運河と接続していたが、市電を別として、中川運河の周りに通勤・通学電車の姿はなかった。産業活動にとっての利便性を第一義に開発された中川運河エリアは、やがて、工場の近傍に多くの人々が住む住工混在地域へと変貌してゆく。東山がホワイトカラー中心の「白い郊外」だとすれば、都心と港の間に挿入された中川運河エリアには、港湾・工業労働者の町、つまり「青い郊外」[*1]が出現したと言っても過言ではないだろう。

開削当初、田園風景のなかに突如現れた「異物」だったであろう中川運河は、生活空間としていかなる変化を遂げたのか。そこには、小学校区を重要な基盤として発達したベッドタウンとは違って、運河を軸とする人の繋がり、つまり、中川運河ならではの経済社会があったのではないか。

フロンティアの空間

横堀を含めた運河に面する全小学校区の範囲として中川運河エリアをとらえるならば、その総人口は12万人余りにのぼる（**表1**）。田畑の広がる低湿地がここまで成長する過程は、常に土木工事とともにあった。近世の新田開発と近代の名古屋港築港に続いて、中川運河の開削もまた、半農半漁の暮らしを営む土地に、新しい住民を呼び込む役割を果たしたのである。

中川運河周辺に移り住んだ住民のなかには、名古屋市内の出身もあれば、佐久島や篠島、三河の漁港から来た船頭、あるいは東邦化学

*1　若林幹夫『郊外の社会学―現代を生きる形』筑摩書房（ちくま新書、649）、231頁、2007年。

表1　中川運河沿い学区の人口 (2014年12月)

学区名	人口		
広見	3,966	成章	5,362
愛知	6,976	東海	5,427
露橋	6,488	中川	5,951
常盤	17,307	小碓	9,216
八幡	13,600	大手	9,793
篠原	10,138	港楽	8,420
昭和橋	10,495	西築地	5,204
玉川	5,764	計	124,107

表2　大手学区住民の出身地
大手学区は、名古屋港・中川口閘門に近く、運河開削時から居住エリアとして計画された。大手小学校50周年記念誌に掲載された地域住民座談会（1984年）の様子からは、多くの人が離郷して運河沿いに移り住んできた様子が窺える。

	大手学区に住みはじめた年	元いた場所
Aさん	1928年	名古屋市西区
Bさん	1931年	名古屋市熱田区
Cさん	1935年	名古屋市中川区
Dさん	1937年	愛知県佐久島
Eさん	1938年	三重県桑名市
Fさん	1944年	山梨県甲府市

図2　中川運河祭り
運河沿いの事業者は、昭和橋より北が上の宮、南が下の宮に分かれて祭りに参加した。

「タウンリバー中川運河」
昭和17年頃／2000世帯

「名古屋港90年のあゆみ」
昭和10年代／700〜800隻

大手50周年記念誌
昭和24〜25年／200世帯・1000人

中部日本新聞（1959年11月15日夕刊）
昭和34年／140隻

表3　各種資料に表れる水面町の人口
資料によりばらつきはあるが、水面町の人口は戦前がピークと言われている。水上生活者が暮らしたのは尾張ダンベと呼ばれる木造船である。昭和30年代以降は鋼鉄製の艀が増えた。

（現東邦ガス）のような大企業に勤める関東からの移住者もいた(表2)。開削後間もない頃の運河は、移住者自らが努力して切り拓かなければならないフロンティアの空間としての性格を帯びていた。そこに成立したのは、先祖伝来の土地に根を張る農村社会とも郊外の新興ベッドタウンとも違って、出身・職業の異なる者どうしが生活の糧を求めて集まる地域共同体ではなかったか。

ダイナミックな「水縁」

「よそ者」どうしを繋いだ仕組みの一つに運河祭りがある(図2)。毎年8月1日、水上の安全や運河の発展を祈念する運河祭りを執り行ってきた。1932(昭和7)年に第1回が開催され、戦時の中断を挟んで、1955年頃から再開された。まつりごとを執り行ったのは、運河の守護神を祀る2つの金比羅社、都心寄りの上の宮と港寄りの下の宮である。注目すべきことに、両社の氏子（上の宮は愛知学区、下の宮は

図3　中川口閘門前に広がる水面町（1955年頃）

大手学区）は、6kmもの距離を隔てて交流していた（**SP1-6**参照）。同じ土地に寄り添う人々が結ぶ地縁に対して、一本の河＝運河を通じた人々の繋がりを「水縁」と呼ぶことができようか。中川運河には、そうしたダイナミックな人間社会があった。

そして、土地に縛られない水縁を示す最たるものが「水面町」であろう。戦前には、2千もの世帯が艀を住居として暮らしていたという（**図3／表3**）。自身の動力をもたない艀は、一度仕事に出ると、曳船に迎えに来てもらうまで帰ることができない。だから、艀乗りたちは必然的に船中で寝起きすることになる。水上生活を営む艀乗りにとっては、運河沿いの医者と風呂屋、それに祭りが欠かせなかった。他方、陸で商売をする人たちにとっても、艀は重要な客先の一つだった。水面町が「係留」されていた中川口閘門船溜りに面する幸町、佐野町、魁町の地図を見てみよう。橋を介して築三町へ繋がる通りや市場や小学校へ続く通りとともに、水面町のある船溜りに面して、多くの商店が立地していた様子が見てとれる（**SP1-4**参照）。

一刻も早く本船を出港させるべく、昼夜を徹して荷役に勤しんだ艀乗りたちは、大工の日当が3円50銭の時代に月150円を稼ぎ出したという。運河にふさわしい賑わいを生んだのは、時代の専門家集団というべき彼らだったのである。車の利用が一般化しておらず、買物は近隣の店のみがふつうだった時代にあって、運河上を行き来する艀乗りたちは、一回りスケールの大きな経済空間に生きていたのだろうか。

水面町の人々が暮らしたのは、主に尾張ダンベと呼ばれる小型木造船である。これを効率的に使うために、名古屋港では、ブロック制で艀を貸し借りするという、ユニークな海運会社どうしの付き合いもあった。艀乗りたちは、お互いライバルでありながら、同じ水縁で稼ぐ仲間として繋がっていたのだ。

しかし、「艀を制するものが港を制する」と言われた時代も、1960年頃を境に終焉へと向かう。艀が活躍する場の減少は、1965（昭和40）年、「艀争議」と呼ばれる艀乗りたちの労働争議が起きたことに象徴されている。水面町は1966年に解散し、わずか2年後の1968年、松重閘門が閉鎖された。

モザイク化する町

かつての中川運河では、地域の発展とはすなわち産業の発展であり、運河の発展であった。小中学校の校歌には、ときに中川運河がうたわれた。河口に近い大手小学校の校誌を繙くと、1970年代になっても、児童の保護者の半数以上が交通・工業関係の仕事に就いていたことがわかる（**図4**）。しかし、水運はこの頃すでに衰退局面に入っていた（**A3**参照）ことから、校誌に表れる「交通」の仕事も、多くはトラック輸送関係ではないかと推測される。運河と住民のかかわりは、すでに希薄化しつつあった。

車のひびき　船の音
中川運河にぎわいて
工業都市の名も高く
栄ゆく町の一角に…
（露橋小学校の校歌より）

1906（明治39）年開校の露橋小学校は、中川運河開削に伴なって移転し、学区変更を行った。中川運河の賑わいと、運河とともに発展する都市の姿を盛り込んだ校歌は、1931（昭和6）年5月の制定以来、現在に至るまで80年以上にわたって児童たちに歌い継がれてきた。

八熊橋から蜆橋までの約1.7kmについて、高度経済成長期から現在までの土地利用変化をみてみよう（図5）。1959（昭和34）年当時、まだ空地を多く残していた運河沿い用地は、1960年代に入ると、急速に建て詰まってゆく。ただし、水運のピークが過ぎつつあったことをふまえれば、新しい建物の多くはトラック輸送に依存する工場・倉庫とみるべきであろう。実際、公共物揚場は1954年から急速な縮小傾向を辿っており、1950年に延長2,831mだったものが1964年にはわずか340mとなる[*1]。対照的に、住宅地図に記載されている運河沿い事業者の数は、1959（昭和34）年の258社から1967（昭和42）年の343社へと大きく増加している。

　40年余りが経過した現在はどうだろうか。事業者数は236社（2010年）とやや減少しつつも、その構成は工業地域としての性格を残している。しかし、土地使用者の入れ代わりが激しい（表4）。工場・倉庫の新規事業者が進出する傍らで、道路を挟んで陸側の建築敷地では、マンションや市営住宅といった集合住宅、大きな駐車場をもつ郊外型小売店などの進出が目立つ。それらは、空地化した用地を埋めるように、小規模な開発を繰り返している。結果的に、中川運河とは関係のない「新住民」が続々と建つマンションに入居する一方、運河沿いの事業所では遠方からの通勤者が少なくないという状況が生まれた（SP1-4,6参照）。かつて水縁で繋がった町は、モザイクのように分解してしまうのであろうか。

中川運河の地色を重ねる

　中川運河沿いの土地利用が変化しつづけるなかで、首尾一貫しているものもある。運河に面した倉庫敷地に関する土地管理システムである。住宅のミニ開発が目立つ建築敷地に

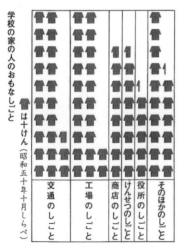

図4 「学校の家の人のおもなしごと」
大手小学校の校誌に掲載された図から、保護者の職業構成の概略がわかる。

1959年
旭コークス工業（株）貯炭場
名古屋シェル石油販売（株）
大和木材工業（株）保税工場
鈴木石炭（株）

1967年
東亜道路工業中川アスファルト混合所
中野鋳工倉庫
？倉庫
旭コークス工業（株）貯炭場
名古屋シェル石油販売（株）
大建木材工業名古屋工場

2012年
東和管材（株）野立橋倉庫
三菱倉庫（株）名古屋支店
名古屋シェル石油販売（株）
カネ幸（株）本社営業所　車庫
岡本木材工業（株）

表4　倉庫敷地への企業立地の変遷
図5に示した範囲のうち、野立橋から中野橋までの東岸倉庫敷地に立地している事業者について、各年次の住宅地図を資料としてまとめた。

対して、市有地として名古屋港管理組合が賃貸している倉庫敷地は、歯止めなき商品化のプロセスを免れてきた。民有地であれば、コンビニやコインパーキングに容易に姿を変えたであろう。都心から遠く離れた埠頭に港湾機能がシフトし、高速道路のインターチェンジが陸送の拠点となる時代にあって、中川運河沿いに町中産業が維持されえたのは、近隣に比べて低廉な賃料設定のもとで、物流・工業をターゲットとする土地利用コントロールが続けられてきたからである。

中川運河に水運の便を求めて企業が集まる時代は過去のものとなったが、町中産業の土場としてのこの運河のよさは失われていない。港と都心の間で小回りの利く倉庫、町中から出る廃材・端材を原料とするリサイクル業やニッチ産業、水面という開放空間に好適な作業環境を見出す小工場、環境負荷を抑えながらものづくりの先端を走る高付加価値の製造業。中川運河という空間にこだわりをもつ事業者の面々を見ると、人目をひくような存在ではないが、ものづくり都市・名古屋の底力となりうる企業が少なくない。それらは、長年の錆や人の手垢が積もることで風格を増した中川運河の地色に新たな色を塗り重ね、名古屋のビジーな「大静脈」というべき個性を与えるキープレーヤーではないか。

中川運河は、のどかな郊外の水辺ではない。それは、魅力があれば人を引き寄せ、それがなくなれば邪魔にされるような場所である。常に社会経済空間としての価値を問われること、ゆえに進化を忌み嫌わないことが、人間活動のためにつくられた運河が運河らしさを保ちつづけるために必要なのである。

*1 公共物揚場のデータは、1950年までは愛知県名古屋港務所発行「名古屋港案内」、1951～54年は名古屋港管理組合発行「名古屋港案内」、1955年以降は同発行の「名古屋港要覧」による。現在も発行されているが、1965年以後は公共物揚場の記載がなくなる。

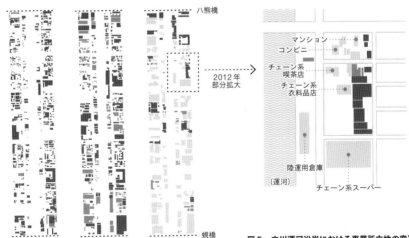

図5　中川運河沿岸における事業所立地の変遷
住宅地図の記載をもとに、事業者立地の変化を示した。2012年の部分拡大図を見ると、大規模工場の跡地に進出した郊外型店舗に囲まれて、老舗事業者の存続している様子がわかる。

C2
インタラクトする水土

鎬の削り合いが生む運河らしさ

ポータルの連続体

　中川運河は、伊勢湾奥から名古屋都心まで細長く延長された港である（**図1**）。知る者にとっては自明であり、また知らない者にとっては些末にみえるこの事実にこそ、中川運河における水域と陸域の関係を理解する重要な鍵がある。

　中川運河では、水面上2尺（約60cm）の位置に護岸の天端を置く水際線が全区間にわたって続いている。道路に向かうなだらかなスロープは、開削当時、公共物揚場や事業者の専用物揚場としてデザインされた。ポート（港）たる中川運河の水際線は、水陸を分かつ1本の線ではなく、水陸を繋ぐポータル（入口）が連なる空間なのである。

　荷役作業が可能だったのは水域側だけではない。中川運河では、20間（約36.4m）の物揚場・倉庫敷地に並行して、8間（約14.5m）の道路が用意された（**A3**参照）。つまり、水域側がどこからでも出入りできるポータルの連続体だったのと同様、陸域側でも、良好なアクセシビリティが保証されたと言える。

水路と陸路の接続

　開削後数十年が経過して陸運の時代になると、インダストリアル空間としての価値は、道路整備の有無によって大きく決定づけられることになる。このことは、本線から枝分かれする幾本かの横堀が辿った運命を比較するとよく理解できる。隣接する道路が狭く、貨物線で分断されている南郊運河では、両岸の土地が市営住宅やマンションが並ぶ宅地へ転用され、運河そのものも埋め立てられて公園に姿を変えた。対する荒子川運河周辺では、住宅の増加や大規模商業施設の進出がみられるものの、今も多くの工業施設が操業してい

図1　名古屋港の標柱
港から4km離れた蜆橋北西の橋詰に立っている。中川運河の岸壁は、住宅地の中に突如現れる海との接点である。

図2　荷さばき地の標柱
野立橋北東の橋詰に立つ。ここにかつて石畳の公共物揚場が整備された。

る。環状線や名四国道など、トラック輸送に適したインフラが確保されているからだろう。

　中川運河は陸運の時代になって価値を失ったと言われる。しかし、実際のところ、これほど設計当初から陸運を想定し、水路と陸路の接続を強く意識していた運河は珍しいのではないか。中川運河にあっては、水域と陸域のポータルは水路と陸路の関係をとりもつ空間でもある。道路が運河に突き当たる地点に造成された公共物揚場は、水路と陸路という２つの公路を切れ目なく繋ぐための仕掛けだった（図2）。

　水運が終わったから陸運へ切り替えたのではなく、最初から陸運を織り込むことで水運の価値を高めた運河。そこに田畑が広がる低湿地をインダストリアル空間として「開拓」した中川運河の非凡さがある。では、水陸両軸の存在は、ポータルにいかなる空間構造を生起せしめたのか。

多様なインタラクト構造

　水域と陸域のやり取りを大局的にとらえることから始めよう。ポータルを通した人や物の行き来は、異なる領域間の関係性を緊密化し、さまざまな情報の伝達とともに、経済活動がリンクされる。そうした相互作用を発生させるポータルの構造をインタラクト構造と呼ぶことにしたい。

　中川運河のインタラクト構造は、時代固有の技術と必要性に応じて変化してきた。竣工当時の中川運河では、全水際線が緩やかな傾斜の物揚場であり、護岸がそのままインタラクト構造をつくっていた。艀が接岸できる水際線の延長は、運河の荷役能力に直結する。

＊1　護岸デザインとその変化については、「SP3 運河景観の定点観測―4 護岸と建築のタイポロジー」を併せて参照されたい。

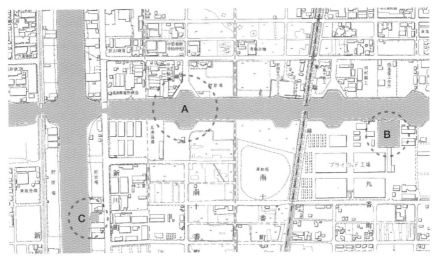

図3　水際線延長の工夫
中川運河横堀の南郊運河では、図中 A のように護岸を台形にデザインし、小規模な艀溜りを確保していた。B および C では、護岸の一部を切り欠き、敷地内に水を引き込んで貯木場とした。

ゆえに、水際線を極力長くするための方策にも事欠かなかった。先述の南郊運河の場合、簡易な艀溜りを設けるために護岸を台形状に掘り込んだり、護岸を改変して貯木場を備えるなど、インタラクト構造を拡張する工夫がなされている（図3）。

戦後、物揚場とその背後に続く倉庫敷地の区分は事実上失われた。倉庫敷地を賃借している事業者の業態に応じて、多様なインタラクト構造が工夫されてゆく。代表例をあげれば、元来の護岸の天端高である水面上2尺に敷地全体を均し、野晒しの資材置場とする（**図4A**）；反対に、道路に合わせた高基礎の上に護岸際まで倉庫を建て、屋外に置けない荷物の保管スペースを最大化する（同**B**）；さらに、雨天でも荷役作業ができるよう、下屋（庇）を取り付ける（同**C**）；ベルトコンベアや平行クレーンなど、機械を動員して荷役作業の効率化をはかる（同**D**）などとなる。

中川運河では、事業者に対して試行錯誤の自由が与えられたため、区画ごとに異なる多様なポータルのインタラクト構造が生まれた。しかし、敷地の奥行きなどの制約条件に加えて、荷の揚降しという基本用途が共通していたために、インタラクト構造には一定の統一感があった。多様性のうちにヴァナキュラーな景観が自然と成立したのも、中川運河がポータルの連続体だったからではないか。

図4　多様なインタラクト構造

バッファゾーンでのモード転換

　次に、水陸両軸の存在に焦点を当てて、インタラクト構造に関する考察を深めることにしよう。異質な2つの領域を繋ぐポータルは、しばしば、両者のギャップやズレを吸収するためのバッファゾーンを挟み込む空間構成をとる。中川運河の場合、水路と陸路の間に位置する物揚場と倉庫敷地の空間がこれに該当する。バッファゾーンの働きを理解するために、やや迂遠ではあるが、他のタイプの水際線と比較しながら考えてみたい（図5）。

砂浜　砂浜は、陸から海、海から陸へ出入りするためのポータルである。しかし、それは一本の海岸線ではなく、着替えたり、泳いだ後、休憩のために横臥するなど、多様なイベントが発生する空間である。砂のない海岸でも、岩場の上に留まって釣りをしたり、場所によっては飛び込みも可能であろうが、陸と海の行き来そのものを楽しむことは難しい。水鳥ならぬ人間が水陸を快適に行き来するには、着替えたり濡れた身体を乾かすといったモード転換が必要なためである。砂浜というバッファゾーンが用意されることで、人は特別な道具なしに海と向き合い、密にかかわることが可能となる（図5A）。

コンテナ埠頭　コンテナ埠頭の場合はどうだろうか。コンテナ物流は、水域と陸域を跨ぐ際のモード転換を極力省くことで、荷の積降しの効率化を追求するシステムである。中川運河で行われていたような麻袋単位、あるいは粒のままの作業は排除される。当然ながら、荷を一時保管するための土地は確保されているが、それは、船舶とトラックの動きを完全に同期させられないという、消極的な動機によるものである。コンテナに積載された荷物

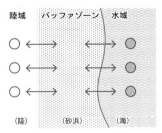

A　砂浜

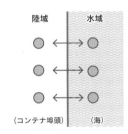

B　コンテナ埠頭

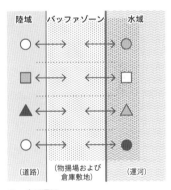

C　中川運河

図5　さまざまなインタラクト構造
A　砂浜がバッファゾーンとして機能し、水陸のモード転換が行われる。　**B**　大規模な相互作用が発生するが、モード転換が不要のため、画一的なインタラクト構造となる。　**C**　倉庫敷地から地先水面までがバッファゾーンとして機能し、事業者ごとに異なった態様のモード転換が行われる。

は、加工はおろか組換えさえ行われることなく、陸から海へ、海から陸へと移される。そこにあるのは、モード転換を回避することでバッファゾーンの機能を極小化した、均質かつ無機質なポータルである(図5B)。

中川運河　コンテナ埠頭とは対照的にバッファゾーンが決定的な役割を担うのが、ほかでもない中川運河である。倉庫敷地では、艀とトラックという規格が異なる輸送手段を繋ぐための荷の組換えが行われる。本船の入港時刻や消費市場へ出るタイミングといった、時間のズレを吸収するための一時保留も、倉庫敷地の重要な機能である。丸太として陸揚げされた木材は、倉庫敷地に建つ工場で建材に加工され、各地に向けて出荷される。反対に、市内から搬入された廃品は、ここでプレスされ、鉄くずという商品に生まれ変わる(図5C)。

こうしてみると、バッファゾーンがとりもつインタラクト構造という意味において、中川運河は、同じ物流空間であるコンテナ埠頭よりも砂浜の方にはるかに近い。もちろん、産業空間に固有のモード転換のあり方を反映して、砂浜よりもはるかに多様なイベントが生起することは言うまでもない。

それだけではない。中川運河では、護岸の地先水面さえもがバッファゾーンとして活用されてきた。開削当初の条例により、運河中央の航路を除いた両サイドの水面については、それを必要とする事業者の独占的な使用が認められたからである。水面上に伸びた平行クレーンは、その直下の水面に倉庫敷地から連接する土場をつくり出す(SP1-10参照)。中川運河の広い水面は、直線的かつ均一な航路ではなく、バッファゾーンがところどころで張り出して鱗模様を描く、インタラクト構造の重要な一部だったのである。

道路が高めたバッファゾーンの価値

水運が衰退した現在、中川運河のインタラクト構造にはどのような変化が生じているだろうか。道路アクセスの良い産業用地が用意されている限り、荷物の一時保管や加工を行う機能は保たれるだろう。しかし、水路の働きから切り離されたそれらのイベントは、異

図6　過去のインタラクト構造を伝える建築物
(左)蜆橋北東に建つ倉庫 (右)堀留に面する三井倉庫

なる領域間を繋ぐポータルとしての相互作用ではない。閉ざされたままの扉、錆ついて、ときに先端を切断されたクレーンを眺めていると、倉庫敷地に建つ倉庫・工場は、水土に渡されたインタラクト構造を失った抜け殻のようにみえることさえある（図6）。

　もちろん、建築物の価値はその機能とは別に存立しうる、という議論もあるだろう。実際、物理的な構造物は、元来の役割を終えたのちも保存されることがある。保存が撤去・更新よりも低コストな場合はなおさらである。中川運河でも、運河側に大きく開いたシルエットが特徴的な建物、水面上に腕を伸ばすクレーンなど、半世紀も昔の形態がタイムカプセルのように残されている例は少なくない。また、少数ではあるが、開削当初の建築物も現存していて、水土の緊密な相互作用が生じていた過去を想起させる、貴重なイメージ資源となっている。

　しかし、個々の建築物以上に重要なのは、それらの形態や配置を必然たらしめた中川運河という場所を貫くコンテキスト、そしてそこに生起した関係性ではないか。ポータルの連続体を下敷きのデザインとして、水運を利用した物流の効率化という時代の必要性が加わることで成立した水土のインタラクション。その形態的な表現が、運河に向けた開口部やクレーンにほかならない。

　改めて、中川運河の護岸に立ってみよう。船上にいる人とは普通の声量で会話ができて、互いに相手の表情がよく見える（図7）。聴覚や視覚を使ったやり取りは、インタラクトする水土の新たな可能性を感じさせる。

　しかし、忘れてはならないことがある。運河沿いの敷地をそこに利用価値を見出す事業者に小分けした事業モデルである。地先水面を含む空間利用の試行錯誤を許容した管理システムは、事業者どうしの鎬の削り合いがいつの間にか中川運河らしさへ結実することを可能にする、優れた仕組みだったと思う。

　運河沿いの敷地に足場を置きながら、目の前に横たわる水面をいかにスマートに活用するか。事業者をはじめ、多くの主体の競争的参加を通じて、中川運河の水土を繋ぐ作法を刷新することが求められている。

図7　船と護岸の間で交わされる視線

C3
「自然」との つきあい
あいまいさが育む緑の恵み

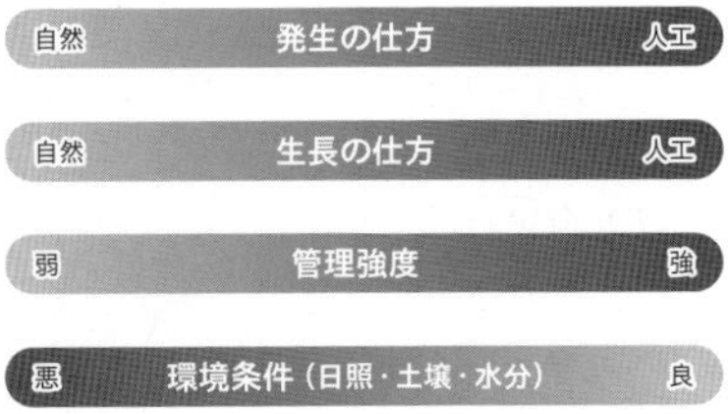

「賑やかな」緑

　中川運河の両岸は公有地である。しかし、定期的な植栽の手入れが行われる公共施設とは違って、中川運河における植生の管理は、倉庫敷地を賃借している民間企業に大部分委ねられている。水面と倉庫に挟まれた細長い護岸地はどうだろうか。理屈のうえでは、水面利用権が設定されている場合を除いて企業の管理責任はない。ところが、境界が曖昧化しがちなのが実態であり、護岸地の植生を定期的に管理する企業もあれば、まったく手をつけない企業もある。つまり、借りた土地を管理する企業の緑に対する意識の違いが、緑の様相に直接作用することになる。

　景観を意識し、植栽により修景を施している場所。あたかも住宅の庭のように、私的な緑の空間となっている場所。緑化木と自然生えの樹木が共存する場所。自然生えの樹木を放置した結果、群落が形成されつつある場所等々。緑とのつきあい方は企業によって大きく異なる。中川運河の護岸地は、こうした多様な緑の存在ゆえに、猥雑で「賑やかな」空間になっている。

　一見粗野とも思われがちな中川運河の緑は、一律の景観となりつつある都市緑地とは異なる魅力をもっている。それは、厳密な管理規定に縛られない、新たな都市緑地のあり方を

自然	発生の仕方	人工
自然	生長の仕方	人工
弱	管理強度	強
悪	環境条件（日照・土壌・水分）	良

図1　緑のモノサシ
緑地の多くは、これらのモノサシ上の特定の位置に当てはめることで、特徴をとらえることができる。対する中川運河では、モノサシの両極にまたがる、きわめて多様な緑が並存している。

図3　自然生えと植栽木が混在する中川運河

示唆するものではないか。

緑のモノサシの両極

中川運河には、緑の状態を示すモノサシの両極に位置する緑が一堂に会しているといっても過言ではない（**図1**）。比較対象として、幹線道路の植栽帯や掘割水路沿いの樹木に注目してみよう。これらの緑被地と中川運河の護岸地は、規模こそ似通っているが、構成要素や管理のあり方の面では決定的に異なる（**図2**）。

道路の植栽帯は、定期的に強剪定され、自然樹形でないことが多い。単木を列植するか、または低木・亜高木を一定のパターンで植えた植栽帯が多く、画一的な景観になりがちである。また、市街地を流れる河川や掘割水路では、道路に比べて管理頻度の低い植栽や自然生えの樹木がみられる。狭小で立ち入りの難しい護岸部分では、名古屋の堀川の例にみるように、しばしば自然生えの樹木が大きく生長している。ところが、中川運河の護岸地では、これらのいずれとも違って、管理され

図2　道路・掘割水路と比較した中川運河の緑

■ 自然生え／管理強度小の植生
▨ 植栽／管理強度大の植生

● 道路
植栽（単木・帯）が一定のパターンで配置される。沿道は管理にかかわらない。

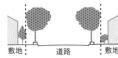

● 掘割水路
自然生え（単木）が不連続に現れる。沿川は管理にあまりかかわらない。

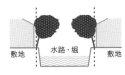

● 中川運河
自然生え・植栽（単木・群落）の混在が不連続に現れる。沿川は管理にかかわる。（管理強度が多様）

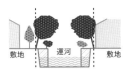

た単木や植栽と自然生え群落が混在している。その最大の特徴は、多様な植生がモザイク状に存在していることにある（図3）。

多様な緑が生まれる要因

企業と緑とのつきあい方について、踏み込んで検討してみよう。2014年5～8月、運河沿いの計27社に聞取りを行った結果、事業者の行動の背後で大きく3つの要因が働いていることがみえてきた。すなわち、①名古屋港管理組合が緑に関する厳格な管理規定を設けていないこと；②倉庫敷地を賃借している企業のなかで中小企業が大きな比率を占めていること；③中川運河にはプライバシーの成否を曖昧化する独特の空間構造が存在するこ

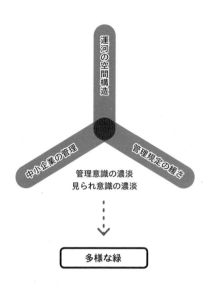

図4　多様な緑が生まれる背景

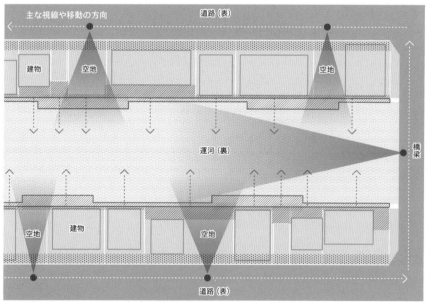

図5　私的な「裏庭」空間をもたらす中川運河の空間構造

とである。これらの要因が複合した結果、緑に対する管理・利用意識 (以下、「管理意識」と略す) と第三者から見られることへの意識 (以下、「見られ意識」) のいずれにおいても、事業者ごとに態度が非常に異なるという状況を生じている (図4)。

ここで、管理意識と言うときには、自然生えと植栽の如何を問わず、剪定・間伐などの管理作業を施したり、憩いの空間づくりに緑を活用しようとする意識を指している。強い管理意識を有する例としては、賃借地に連続する護岸地を合わせ、花壇の整備や果樹植栽を行う事業者があげられる。管理意識が弱くなるにしたがって、自然生えをある程度コントロールしつつ緑の空間として利用したり、あるいは、まったく管理せずに放置する例が現れる。

見られ意識は、土地を賃借している企業からみた他者、つまり一般市民に向けて、修景を行おうとする意識のことである。見られ意識が強い事業者は、しばしば倉庫の脇に修景目的の植栽や花壇を設けている。反対に見られ意識が弱いと、従業員の休憩や憩いの場として花木や園芸植物を植える、といった行動になる。

見られ意識の濃淡には、中川運河の空間構造のもつ特徴が密接にかかわっている (図5)。水運が衰退した現在、企業にとって表の顔は道路側にある。そのため、倉庫敷地の運河側は、めったに他者の視線に晒されない。護岸地へと向かう一般市民の視線は、橋の上からの眺望か、たまたま空地になっている倉庫敷地からの眺めに限られる。例外は、運河を遊覧航行する機会を得た人やレガッタ競技の練習者くらいのものだろう。また、中川運河のとくに本線は幅員が大きいため、対岸に人がいることはわかっても、表情や細かい動作は確認できない。プライバシーの成否が微妙な

こうした空間構造ゆえに、護岸地には企業の「裏庭」ともいうべき、さまざまな意味づけが可能な空間が生まれることとなる。

緑とのつきあい方

さて、以上をふまえて、企業と緑のつきあい方にみられる多様性を類型化してとらえてみよう (図6)。管理意識を縦軸、見られ意識を横軸にとると、大きく3つのグループが見出された。[*1]

造られた緑 管理意識が最も高いグループには、植栽のみを管理・利用する企業が含まれる。しかし、グループ内でも見られ意識には濃淡がある。敷地の一部を緑地として公開しているのは、見られ意識がとくに高い例である。この場合、他者の視線に晒されるだけでなく、不特定多数の人が利用するために、安全面への配慮が必要となる。見られ意識が高い他のケースとしては、修景目的で倉庫や建築物の脇に植栽を施したり、花壇を設置している企業があげられる。そうした事例では、従業員自らによる利用ではなく、外向けに景観を整備することに植栽管理の目的があると考えられる。

管理意識が高くても見られ意識は希薄という企業もある。プライベートガーデンのように花木や園芸植物を植え、従業員の憩いの場としている企業がこれに該当する。なかには、植生は事業活動の妨げになるという考えから、皆伐し、除草剤を散布するという極端な事例もあった。これも、管理意識が強いという意味では共通している。

*1 以下、企業と緑のつきあい方に関しては、「SP2 運河に生える自然—2-1 緑の管理、緑へのかかわり」の図を併せて参照されたい。

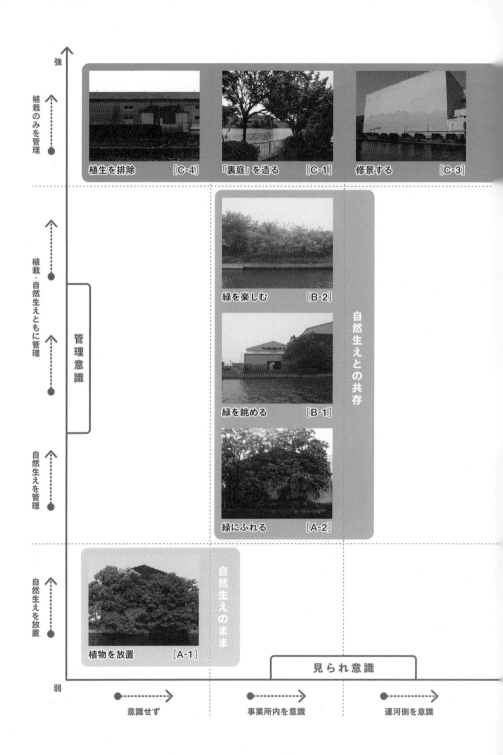

自然生えとの共存　管理意識が中位のグループには、植栽を自然生えと共存させている企業が位置づけられる。公共施設や大規模工場よりも中小企業が多い中川運河では、事業者自らが敷地内・周辺の植物を厳密にコントロールするといった行動は生じにくい。むしろ、管理意識の高くないことが、中川運河に特徴的な緑とのつきあい方と言えそうだ。緑を意識している場合でも、従業員自らの利用を目的としている場合が多く、不特定多数の利用を念頭においた事例は見出されなかった。

　もっとも、自然生えとの共存といっても、護岸と建物の間の空間的余裕や建物内部からのアクセシビリティがどの程度かによって、かなり異なったタイプに枝分れする。建物のセットバックや張出し護岸の築造が行われた結果、運河側に大きな空間的余裕を有する事業者の場合は、植栽を施したり剪定を行うなど、比較的強い管理意識を有していることが多い。運河に面したスペースを従業員の憩いの場として利用する、といった事例がこれにあたる。反対に余地が小さい場合は、開口部付近で生長した樹木に少し手を加え、緑陰を楽しむといった行動が生まれやすい。

自然生えのまま　最後は、管理意識がなく、自然生えを放置しているタイプである。多くの場合、護岸ぎりぎりまで建物があるか、運河に向けた開口部がない（あっても常に閉鎖している）ため、事業者は緑の存在をほとんど気にしない。護岸際のきわめて狭小な空間に放置された木が大きく育っている、といった状況が典型的である。見られ意識はまったくと言ってよいほどなく、植栽を施すという考えもない。人間の意識が向けられないことによって、市街地では珍しく、まとまった自然群落が断続的に連なる景観が形成されている。

図6　管理意識・見られ意識からみた企業と緑のつきあい方
［　］内の記号は、「SP2 運河に生える自然—2-1 緑の管理、緑へのかかわり」の図中記号に対応する。

第Ⅲ部　中川運河の空間コード　101

運河の緑がもたらす恵み

ところで、中川運河で操業している事業者の多くが中小企業であることは、運河の緑が与える恵みという観点から大きな意味をもっている。大企業では難しい私的な雰囲気を残した緑の空間が出現しやすいからである。そうした緑はまた、同僚すなわち企業内の他人を包み込む公共性をもち合わせている。つまり、企業ごとに異なる管理のあり方を色濃く反映した個性的な緑である一方で、個人宅の庭とは違って、多くの人々に恵みを与えることのできる、社会的な浸透性のある緑と言える（**表1**）。

実際、運河沿いの事業者へのヒアリングでは、「裏庭」を癒しの空間と考え、園芸植物や果樹から花や実を得る、といった思考・行動様式がしばしば見出された。サクラ類やウメ類が植えられた休憩スペースは、他者にとっても心地よい空間である。生長した自然生えの樹木は、無機質な倉庫群の景観にアクセントを与えている。数十年の時を経た巨木がシンボル的な存在になっていることもある（**図7**）。

さらに、中川運河で活動しているアート系の公益活動団体には、コンセプトの一部に緑を織り込んでいるものがある。運河の緑は、創作活動にインスピレーションを与え、また作品そのものの題材とされる。「中川運河キャナルアート」による花苗の植栽プロジェクトなどは、みなで協力して世話をみるというプロセスを含めた、緑の共同作品と位置づけられよう。こうしてみると、中川運河の緑には、人々の繋がりを育む媒体としての役割があると言えるのではないか。

生活景の文化的サービス

以上にみたような緑の恵みは、造園学などの分野において、生態系サービスとして概念化されているものである。むろん、生態系サービスと一口に言っても、さまざまな種類がある（**表1／表2**）。調査では、緑によって暑さが緩和され、倉庫内の空気が清浄に保たれるといった、調整サービスへの期待が一部にあるものと見受けられた。しかし、中川運河にあっては、人々に癒しや閃きを与え、場所の

緑の恵みの種類	事業所内部に対する恵み	事業所外部に対する恵み
精神的価値・癒し	休憩スペース	心地よい景観
インスピレーション	閃き・創作活動	
審美的価値	景観	
社会的関係	植栽手入れ等の共同作業による団結力の醸成	緑をいかしたアート作品制作等による関係醸成
場所の感覚	固有の景観	
文化的遺産としての価値	シンボルとなる巨木	
娯楽・エコツーリズム	園芸	エコツーリズム
教育的価値	環境教育	
文化的供給物	花・果物等	緑をいかしたアート作品

表1　中川運河における緑の恵みの相互性
本表は、生態系サービスに関する一般論（**表2**参照）をふまえて、中川運河で観察された文化的サービスを緑の恵みとして整理したものである。なお、生態系サービスに関する議論では、文化的供給物を含めないのが一般的であるが、本稿では、都市空間における緑からの供給物の重要性を考慮して、項目に加えた。

象徴として機能するという文化的サービスのもつ意味が最も大きいのではないか。そして、人々の日常の営みが色濃く滲み出た空間、つまり生活景が他者にとっても魅力的だという点に、運河の緑がもたらす文化的な恵みのユニークさがある。

中川運河には、企業と緑の日々のつきあいから生まれた景観がある。それは、企業それぞれの個性が表出した緑を運河全体にわたって楽しめる、きわめてオリジナリティの高い景観である。圧倒的に大きなボリュームを有する自然生えの群落は、その合間に現れる管理された緑とのギャップゆえに、ひときわ強い存在感を発揮している。自然生えの群落だけが並ぶ景観なら、都市近郊の斜面林や工場緑化などでもよく見かける。しかし、中川運河のように自然生えの群落と管理された緑がほとんど境界もなく隣接し、互いのギャップが単調とは対極的な独特のシークエンスを生み出している例は少ない。

中川運河にみられる多様な緑の背後には、管理の「あいまいさ」が存在し、かつそうした多様性は、たんに多様であるというだけでなく、意図せずして第三者に対して恵みを与えるものとなっている。この魅力的な緑の空間を、たんに偶発的な産物として片づけないで、未来に向けて継承・発展させられないだろうか。中川運河の緑は、都市的な環境のなかで新しくユニークな「自然」とのつきあい方を実現するために、多くの示唆を与えているのではないか。

図7　文化的恵みの例
上　ランドマークとして機能する巨木
中　産業資材を活用した園芸
下　果樹や花木の植付け

供給サービス
食糧、淡水、木材・繊維、燃料など

調整サービス
気候調整、洪水制御、疾病抑制、水の浄化など

文化的サービス
審美的、精神的、教育的、レクリエーション的、その他の効用

基盤サービス
栄養塩の循環、土壌形成、一次生産など

表2　生態系サービス
人々が生態系から得ることのできる便益を生態系サービスという。上の4つに分類されることが多く、行政・研究者による定量的把握のスタンダードとされている。

表の項目は、Millennium Ecosystem Assessment (2005) *Ecosystems & Human Well-being: Synthesis*.Washington, D.C.: Island Press をもとに改変。

C4
創造力の空間
「泥の河」に息づくアート

タイムカプセルとしての中川運河

　小栗康平の初監督作品、映画「泥の河」は、宮本輝の小説を原作として1981年に封切られた。舞台は昭和31 (1956) 年の大阪。堂島川と土佐堀川が合流し、安治川と名を変える地点に架かる端建蔵橋(はたてくら)のたもとに建つ食堂である。戦後10年、いまだ戦争の面影を残す川辺の風景は、映画が撮影された昭和50年代にはほとんど残っておらず、監督やスタッフが東奔西走してようやく中川運河に辿り着いたという。撮影は、中川運河が2本の支線へ分岐する地点に架かる小栗橋を端建蔵橋に見立てて行われた。偶然にも、監督の名字と同名の橋である。

　中川運河は、法的には一般河川ではなく港湾の扱いである。そのため、運河沿いの土地利用は港湾関係者に限られ、倉庫や工場といった大きな平屋の建屋が建ち並ぶ独特の風景は、運河の最盛期にあたる昭和30年代にはほぼ出来上がっていた(**図1**)。しかしその頃、主要な輸送手段は、すでに船舶からトラック輸送に取って代わられつつあった。ほどなく産業の動脈としての役割を終えた中川運河は、昭和初期から30年代の風景を色濃く残したまま、さほど大きな変化もなく時代に取り残されたような景観を今日まで保っている。

　役割を終えたインフラストラクチャーのもつ機能から解放された静謐さ。流れのない運河の水面と相まってあたかも時間が止まったかのような風景。映画の時代背景にマッチしたのは、そういった中川運河のタイムカプセルのような性質があってのことである。その意味で、中川運河と「泥の河」との出会いは奇跡的なものであった。

図1　産業空間としての中川運河

水辺の境界性

映画のストーリーは、橋のたもとに建つうどん屋を切り盛りする晋平・貞子夫妻とその息子・信雄を中心に展開する（**図2**）。ある日、信雄は橋の上で喜一（きっちゃん）という少年と出会い、彼らが棲む河の対岸に停まった宿船を訪ねる。そこで喜一の姉・銀子と、声はするが姿を見せない謎めいた母親の存在が描かれる。信雄と喜一、銀子は親しくなり、お互いの家を行き来するようになるのであるが、実は、母親は船で客をとる娼婦であり、そのことが3人の関係に微妙な影を落とす。

河の対岸に位置する信雄の家と喜一の宿船は、直線距離にすれば100mに満たないが、その間には実空間以上の距離が横たわっている。河縁とはいえかろうじて陸上にとどまっているうどん屋と、水に浮かぶ根なし草の宿船。双方貧しくはあっても、そこには決定的な差がある。信雄は普通に小学校に通っているが、同い年の喜一は学校にも行っていない。おそらく銀子もそうであろう。河を挟んで、社会システムに属している側と、疎外されている側の明暗が浮かび上がる。喜一は小学校の校庭で授業を受ける自分を夢想し、母親はかつて陸に上がることを夢見ていたが、夫の死後それをあきらめ、娼婦に身をやつしている。

ここで、河＝運河はその境界性を露わにし、河によって隔てられた2つの領域を繋ぐ橋がその境界の横断を象徴する。お互いの家を行き来する子どもたちは、河縁から階段を上り、橋を渡り、さらに階段を下りて細い板橋を通って船に至る。そうしたシーンの繰り返しに河を挟んだ距離感が描かれている。ギャップを意識することなく軽々と越境する信雄や喜一に対して、大人になりかけ、境界を越えることにためらいを覚えはじめる銀子。一方、大人たちはけっして自分の領域を離れようとしない。そしてある夜、喜一の母親が客の相手をしている姿を信雄が目撃したことで、2人に決定的な別れが訪れる。

映画には冒頭から死のにおいが濃厚に漂っている。民間人も含めて300万人もの犠牲者を出した太平洋戦争終結からまだ10年。世間は朝鮮戦争の特需に沸き、復興の歩みを進めているが、取り残されたように河辺で暮らす人々はいまだに戦争の影を引き摺っている。耳におそらく戦闘によるであろう傷跡をもつ馬車曳きのおっちゃんは橋の上で事故に遭っ

図2　映画「泥の河」より

て死に、船でゴカイを取っていた爺さん（おそらく船上生活者）は夜明けに川に落ちたまま行方不明となる。やはり満州の戦場を生き延びて帰って来た晋平は、「どうやらこうやらまあやっとこさ日本へ帰って来てもや、…（中略）…なんやまあスカみたいに死んでいきよる」とつぶやく。

このように、河や橋は生と死が近しく交わる場所として描かれる。三途の川の譬えのように、河は、この世とあの世の境界でもあるのだ。

河原者が生んだ文化

「泥の河」は、泥を這うような底辺に暮らす人々の、それでも懸命に生きる姿を描いた佳作だが、河＝運河という舞台設定が、日常と非日常、社会システムの内と外、生と死、といったさまざまな二項対立のボーダーを象徴的に示すことで、当時の社会状況や人間関係を鮮やかに浮かび上がらせる仕掛けとして絶妙な効果を上げている。

ここで、日本の歴史を参照してみると、「泥の河」に描かれたような社会システムの内と外の境界が、システムに収まりきらない異能者たちを生み出してきたことに気づく。現代に続く能や歌舞伎といった芸能、また庭師などの生業は、古くは室町時代に河原者と呼ばれた者たちが源流と言われている。彼らは大雨のたびに氾濫し、定住が難しい河辺を住処とすることで租税を免れた。つまり社会システムから外れた存在であり、それゆえ差別の対象でもあった。

ところが、河原者たちは、時の権力者に重用されることで、文化のメインストリームに連なってゆく。観阿弥・世阿弥親子は室町将軍・足利義満の庇護を受け、庭師の善阿弥は八代将軍・足利義政に仕えた。死者や神・精霊などの超自然的存在が主人公である夢幻能は、世阿弥によって完成されたという。それが河原というマージナルな場所から生み出されたことは、ある意味、当然とも言えるのではないか。

近代的な管理や社会システムからこぼれ落ちたアジール（解放区）的な危うさが漂う空間。そうした性質こそが、中川運河という舞台に対して、容易に代替肢を見出しえない説得力を与えたことは確かである。

アーティストの創造力

もちろん、河＝運河があればそこに境界性の空間が成立し、予期せぬかたちで文化が胚胎する、といった単純な理屈ではない。中川運河では、海岸沿いの工業地帯から宅地開発が進んだエリアを経て都心の商業地区へ至る、さまざまな用途地域の中に港湾施設が唐突に挿入されている。運河とその周囲との空間的なギャップ、ディスジャンクションは、ズレや緊張感を生み出す。さらに、無機質なテクスチャーやむき出しになった構造、高い天井高や大きな開口など、日常的に使う建築とは違った質感やスケールが、時として、中川運河に舞台としての祝祭性を与える（図3）。

近代的な都市空間に挿入された異質な時間性と空間性。そうしたギャップを孕んだ独特の雰囲気を見つけ出し、創造力を働かせ、新しい文化のかたちへ昇華させる力を有するのがアーティストたちである。たとえば、ふつうの人の目にはたんなる物置場でしかない倉庫が、アーティストにとっては広くて高い天井のアトリエやギャラリーになり、観客との距離が近い刺激的な舞台にもなりうる。マジョリティが注目しないところに価値が見出されると、感化された周りの人々が価値を広めてゆく。その先導的な役割をアーティストた

図3　中川運河沿い倉庫でのアート活動
上　ヴァルト（伏木啓による映像サウンド・インスタレーション、2015年8月29日）
下　キャナルアート Project No. Zero（建築系ラジオ全体会議、2010年10月31日）

ちは担っているのである（図3）。

　とすれば、中川運河の魅力を多くの人たちに知ってもらい、身近な存在として市民が活動する場とするために、アートは、きわめて有効な手段と言えるのではないか。一時期、日本をリードしたともいわれる名古屋のアートシーンは、「泥の河」の公開から30年近くを経た2010年頃になって、中川運河の周りに活動の可能性を見出すようになる。その端緒を開く大きなきっかけとなったのが「中川運河キャナルアート」である。

アート活動の胎動

　中川運河キャナルアートは、アートを通じて中川運河の魅力を多くの人に知ってもらうことを目指し、2010年、Project. No. Zeroとして始まった。以後、2014年まで5年次にわたって、中川運河沿いの倉庫や水辺空間を使ったアートイベントを行ってきた（図4）。

　キャナルアートは、名古屋出身でニューヨークに在住していた服部充代氏が帰国後、道に迷って偶然中川運河を「発見」したことから始まる。地元出身でありながら存在すら知らなかった水辺空間を目にした彼女の脳裏には、ニューヨークで見た水辺空間の賑わいや倉庫空間を利用したアトリエ、ギャラリーが浮かんだという。名古屋にはそのような空間が足

図4　中川運河キャナルアート
A 能と現代音楽による空間芸術（2010年）
　　／青木淳子、大久保彩子、今井智景
B 現代音楽　Presents＃1（2011年）
　　／ミアコ・クライン、サヴァ・ストイアノフ、今井智景
C ～時を超えて語り継がれる音楽と舞踏の光と影～（2012年）
　　／中木健二、山田茂樹
D バルーン・アート（2013年）／山下ふみこ
E 水上パフォーマンス（2014年）
　　／浅井信好、奥野衆英、REMAH

りないと感じていた氏は、仲間に呼びかけ、ふだん接することの少ない中川運河の水辺空間を多くの市民に体感してもらうことを目標に、アートイベントを企画した。その後、倉庫空間をいかした屋内コンサートやパフォーマンス、倉庫外壁への映像投影によって非日常的景観をつくり出すデジタル掛け軸（D-K）など、中川運河を舞台にしたアートイベントを継続的に行うことで、しだいに一般市民の認知を獲得していった。この活動は、ギャラリーが主導した「ICA, Nagoya」、名古屋市とアート関係者が協働した「アートポート」（111頁コラム参照）といったアートによる産業空間活用の過去の例とは異なり、市民から自発的に生まれた第三の動きとして注目すべきであろう。

並行する他の試みにも注目しておきたい。アートポートで主導的役割を果たした名古屋大学・茂登山清文教授は、中川運河をテーマとする市民参加型の写真ワークショップを手がけている。写真をメディアとするアーティストの作品を収録した「中川運河写真」の展覧会が開催され、写真集も刊行された。こうして、中川運河をめぐるアート環境は徐々に動きはじめた。

風景とインタラクトするアート

2013年には、リンナイ株式会社からの寄付を基金とする中川運河助成ARToC10が始まった。これは、名古屋市・名古屋港管理組合が前年に策定した「中川運河再生計画」にもとづいて、中川運河における市民交流や創造活動の継続的展開を支援することを目的とする事業である。助成対象となったアーティストの活動やアートイベントを振り返ると、中川運河の空間を舞台装置として、また作品コンセプトの一部として取り込んだ力作が勢揃

いしている。

中川運河キャナルアートは、倉庫と水辺の空間でさまざまなイベントを打ち出している。倉庫内で行われるパフォーマンスやコンサートを愉しむ人は、倉庫空間の広さや高い天井、水辺への大きな開口に開放感を覚え、鉄骨や木造のトラスなど、無機質な構造体の意外な美しさに気づくだろう。そして、それほど重くない壁や屋根の素材のせいか、意外と音の抜けがよく、音響も悪くない。ふだんは産業活動に使われている荒々しい空間が、演奏やパフォーマンスによってがらりと雰囲気を変える。われわれは、そこに劇場の誕生の瞬間を見ているのかもしれない。「キャナル・マルクト・フェスタ」（2013年）では、市場に見立てられた倉庫内の空間で、アーティストの手によって予告なしに音楽やダンスが始められた。それは、河原を埋めた芝居小屋が競って客を呼び込んでいるかのような、猥雑で妖しい境界性を孕んでいた。

N-markグループによるLimicoline Art Project（2014年）の活動では、運河沿いにあるガソリンスタンドのこぢんまりとした社屋を会場に、複数のアーティストや大学の研究室が中川運河をテーマ化したインスタレーションを週替わりで行った（図5）。制作者たちは、自らの表現を投影できるスキマの存在に惹きつけられたのではないか。このイベントでもう一つ注目されるのは、近隣からの訪問者が多かったことである。作品と向き合い、中川運河の魅力を語り合うアーティストトークに参加することで、中川運河に対するとらえ方の多様性を知った人もいたにちがいない。

有限会社シネマスコーレは、中川運河を舞台に3本の映画を撮影した（2013年）。虚実織り交ぜた映像表現は、人を創造性へと駆り立てる中川運河の力を感じさせるものであった。映像作家の伏木啓氏による作品「Waltz」（20

13〜2015年)では、水面に浮かべたスクリーンに、中川運河周辺に住む人々の表情や手、水面そのものをとらえた映像が静かに流れる。饒舌ではないが、中川運河に流れる緩やかな時間を感じさせる作品であった。伏木氏の映像作品は、中川運河の映像アーカイブとしての役割を担っており、その意味でも「泥の河」から連綿と繋がるタイムカプセルとしての機能を次代に引き継ぐ試みと言えるだろう。

こうしたイベントは、アーティストたちが中川運河の風景に着想を得るためだけにあるのではない。作品そのものが中川運河への気づきを人々に与え、作品を制作し、演じ、観る人々すべての間に生起するインタラクションが、ときに中川運河の風景の一部となるのである。

「泥の河」の公開から31年後、名古屋市の体験乗船で中川運河を再訪した小栗康平監督のコメントに耳を傾けておきたい。

奇跡的な風景である。都市は高層化、密集化していくのが宿命だから、川や運河を機能性だけ云々すべきではない。水は横へと広がるだけだ。それがどれだけ人を和ませることか。(『東京新聞』2012年11月19日)

図5 Limicoline Art Project (2014年)
A 近藤美和
C 横関浩＋武藤勇
B 加藤マンヤ
D 名城大学生田京子研究室

● 名古屋の現代アートと産業空間の活用

　少し時代を遡って、1980〜90年代の名古屋の現代アートシーンと産業空間・水辺空間の繋がりをみておこう。当時の名古屋は、日本の現代アートシーンをリードする存在だった。なかでも、現代美術を扱っていたギャラリー「たかぎ」のオーナー・高木啓太郎氏によって1986年に設立されたアートセンター「ICA, Nagoya」は特筆に値する。繊維工場が移転した後の敷地と建物を活用したもので、天井高4mという、当時の日本で最大級の展示スペースだった。ICA, Nagoyaは、イタリアのアルテ・ポーベラやマリオ・メルツなどの海外作家を招聘し、展示空間に合わせた滞在制作を行うなど、先進的な試みを行った。ディレクターの南條史生氏は、現在の森美術館館長である。活動は6年で終了したものの、個人が設立した名古屋のアートセンターが、東京や大阪のアートファンも足を運ぶ現代美術の拠点として認知されたことは、記憶されるべきであろう。

　つづいて、1999年から2003年にかけては、名古屋港ガーデンふ頭東側の空き倉庫を活用して、若手芸術家が創作活動を行うアートポート事業が行われた（**図6**）。名古屋市制110周年、世界デザイン博覧会10年記念の交流年事業として始まり、「市民芸術村」構想の名のもと、「名古屋新世紀計画2010」にも盛り込まれた。アートポートは、若手アーティストの制作の場をオープンスタジオとして提供し、芸術倉庫でフォーラムを開いて作品発表の場とするなど、倉庫活用の可能性を市民にアピールする活動を幅広く展開した。メディアアートの展示会「メディアセレクト」の会場にもなった。さらに電子芸術国際会議が開かれるなど、メディアアートの世界では、名古屋は日本の一大拠点として浸透していたという。

　ところが、市民による倉庫活用を続けるには、耐震改修のために多額の費用が必要であるとされ、アートポートは2003年限りで事業終了という憂き目にあう。その後、観光施設「名古屋イタリア村」が整備され（2008年に経営破綻）、市民芸術村構想はついに実現に至らなかった。アートポート事業に携わっていたPHスタジオ代表池田修氏は、のちに横浜で「BankART 1929」の立ち上げと運営に携わり、横浜港にある日本郵船倉庫を日本有数のアート拠点に変身させて、今日まで活動を続けている。

　このように、名古屋では、工場や倉庫などの産業空間をアートに活用する先進的な取組みが行われていたにもかかわらず、それが現在に繋がっていない。名古屋で経験を積んだ人材が東京や横浜で日本をリードする活動をしているのをみると、なぜ名古屋ではそれができなかったのか、という重い問いを突きつけられているように感じる。

図6 『アートポート記録集 1999－2003』より

12コードの基本コンセプト

大きな視点で運河をとらえる
都市のランドスケープ

A1 海に向かう都市の層
- 中川運河の4つの地・層
- よろめく川からの変身
- 橋詰で交差する時間の層

A2 閘門式運河の水面
- 土木が生んだ水と空気の邂逅
- 港から「下る」運河
- 減災性能に優れた水域

A3 人工の自然堤防
- 運河土地式がつくった微高地
- 自然堤防の背骨をなす道路
- 水面から連続する空間利用

A4 緑のコリドー
- 産業インフラに育った緑
- 水陸の境に繁茂する植物
- 自然生えの特徴的なカタチ

運河のほとりに立ち観察する
関係性を映し出す景観

B1 運河を挟んで向き合う
- 対をなす両A面の町
- 「控え」の空間の圧縮効果
- 対称軸をなす水路と沿岸用地

B2 インダストリアル空間
- 往き合う水路と工作物
- 無口な背景に映える緑
- 大胆な文字＝サイン

B3 鳥と風が運ぶ都市の緑
- 都市環境に馴染む「半自然」
- 植栽木から供給される種子
- 自然がばら蒔いたリズム

B4 連続体の美学
- 時を刻むボートスケープ
- 護岸線上に浮かぶまとまり
- 橋が分節する都市の断面

運河をつくる人々への眼差し
公共圏としての可能性

C1 名古屋の大静脈
- 「水縁」が生んだビジーな町
- 都心近くに潜む「青い郊外」
- ものづくり都市の底力

C2 インタラクトする水土
- 鎬の削り合いが生む運河らしさ
- 都心に食い込む細長い港
- 水・陸のモード転換

C3 「自然」とのつきあい
- あいまいさが育む緑の恵み
- 対照的な緑のシークエンス
- 他者にサービスする生活景

C4 創造力の空間
- 「泥の河」に息づくアート
- 境界性の空間としての水辺
- 風景とのインタラクション

第Ⅳ部

空間コードを発見する技

  SP1 中川運河の隣人
  SP2 運河に生える自然
  SP3 運河景観の定点観測
  SP4 蘇る運河建築

中川運河Y字ゾーン：1989年

SP1

中川運河の隣人

昭和橋

1　港と都心の間で
中部日本倉庫株式会社

　中川運河本線に架かる11の橋のうち、ひときわ交通量の多いのが国道1号線が通る昭和橋である。1985(昭和60)年に架け替えられて、現在の姿になった。外食チェーンやガソリンスタンドが並ぶ国道と、名駅の高層ビル群を遠方に見通す運河という、異質な風景がここで交差する。

　中部日本倉庫の起源は、1897(明治30)年に名古屋市東区で始められた精米・精麦業(現水野精麦倉庫株式会社)にある。戦後、麦の需要低下に伴って倉庫業に参入し、営業倉庫の許可を得て1965(昭和40)年に中部日本倉庫株式会社を設立した。当初は小栗橋付近の倉庫で操業していたが、1973(昭和48)年、昭和橋南西に得た約2000坪の借地に倉庫会社の本社を移転した。

　戦前・戦後の中川運河では、護岸沿いの土地の多くが物揚場や資材置き場として利用されていたが、高度経済成長期以降、倉庫や工場の建設が相次ぐようになる。そういう時代の変わり目に進出した「第二世代運河事業者」の一つが、この中部日本倉庫である。中川DCセンター長の満仲昭信氏に話を伺った。

「最初の倉庫は敷地の一番北のもので、増築を繰り返すうちに現在の5棟になりました。延べ床面積約1500坪というのは、中川運河では中規模の部類でしょうか。このエリアの営業倉庫としては、十分運営の成り立つ広さだと思います。ただ南北に長い敷地というのは厄介ですね。トレーラーや大型トラックなど、車両の大型化が進みましたので、敷地に奥行きがないことに毎回苦労しています。とくに今は輸入商材を中心に取り扱っているので、輸入コンテナを牽引したトレーラーでの搬入が多く、その都度工夫が必要ですね」

　中川運河の貨物量のピークは1964(昭和39)年。早くもその4年後には松重閘門が閉鎖される。自動車中心の物流への転換は、すでに抗しがたい現実となっていた。

「土や砕石はトンあたりいくらで預かります。事務所の前の土間の大きな鉄板が重量測定所ですが、昔はクレーン車やショベルカーを利用して運河からの荷揚げもしていたようです。でも、1980年頃には運河はすでに使っていなかったと思います。今はもう運河側の開口部を開けることはないですねえ。湿気が入ってくるだけですし、防犯上も開けるメリットがありませんから」

　しかし、水面を利用しているか否かとは別のところで、中川運河へのこだわりがあるようだ。

「今となっては、運河があるからこの場所で営業しているということはありません。運河とは関係なく、この立地はとても良いと思っています。コンテナ車の手配は距離によって料金が変わりますから、港からあまり離れてしまうのは良くないんですよ。今では、名古屋港のメインのコンテナ基地は飛島になりましたが、都心からあまりにも遠いので、荷主が荷物を確認に行くのが大変。ここならお客

様が直接倉庫に荷物を受け取りに来られるということもできますし、港と都心の中間地点としてメリットがあるんです」

つまり、倉庫業と一口に言っても、通関や保税倉庫・通常倉庫間の輸送まで一手に行うのか、繁忙期の再保管や一時的な保管スペースの提供を含めた荷主への細やかな対応を得意とするのかで、最適立地も異なるということである。市街地にすっぽり囲まれた現在の中川運河で操業するメリットが大きいのは、どちらかといえば後者のタイプだろう。港と都心を結ぶという中川運河が本来有していた機能との関係で、事業者が操業しつづけることの積極的な意義を考えさせる事例である。

「一般の人からは何をやっているのか見えにくいでしょうね。近寄りがたいイメージはあると思います。近隣に住宅も増えてきましたけど、トラックやリフトは音が出ますから、夜間の騒音などは住民に気を遣いながら営業させてもらっています。時代に合ったかたちで運河に新しい機能が生まれるのは、いいことだと思いますよ」

図1　昭和橋から見る倉庫群
2号棟の壁面に貼られたプレートの上に、社名がくっきり見える。運河に向けて大きく突き出た新護岸は、定期的な除草によりクリアな状態に保たれている。1号棟・2号棟の運河側壁面にあった開口部は、使われなくなってすでに久しい。

図2　満仲センター長

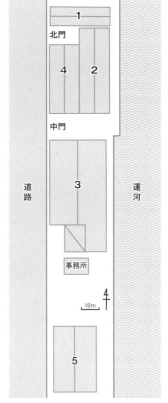

図3　倉庫敷地の活用
最初に建てられた1号棟では、妻が運河を向いているが、他の4棟は、すべて妻が運河と並行する方向を見るように建てられた。中川運河沿いの倉庫敷地は奥行きが36mほどしかないため、増床をはかるには、長辺を運河と並行させる後者のタイプの方が簡便な設計で済む。

2　町中の静脈産業

徳島興業株式会社

八熊橋

　赤く錆びた鉄骨建屋とそれを覆う緑、そして中を動く巨大なショベルカーが、眠るように静かな運河景観のなかで際立つ。運河開削当初から同じ場所で鉄のリサイクル業を営む徳島興業株式会社である。物々しくも好奇心をそそる独特の雰囲気に引き寄せられる人は少なくないはずだ。

　1911（明治44）年に東京で操業した銅鉄商店が名古屋・中川運河に進出したのは1931（昭和6）年のこと。中川運河全通の前年にあたる。とくに地縁のなかった企業が運河開通を契機に進出し、同業数社とともに、名古屋・愛知の鉄くず業の発展を引っ張ることになる。徳島興業株式会社4代目社長の徳島孝志氏にインタビューした。

　「戦後まもなくは、名古屋のシェアの50％ぐらいを占めていました。当時、仕入れは道路側、出荷は運河側から行っていて、馬車や大八車で運ばれてくる鉄くずを、運河の水で稼働した水圧プレスで小さく圧縮し、手押し車で艀に積んで出荷していました。運河沿いに鋳物屋や製鉄所などの出荷先がたくさんありましたし、遠く九州の八幡製鉄所まで鉄くずを送っていたこともあります。

　現在は、仕入れも出荷もすべて道路側から、日に100台もトラックが出入りします。隣のクレーンのある場所は数年前に他社から借りたものなんですが、ストッパーを外せば動くので、船での出荷を検討したこともあるんですよ。トラックで運べるのが25トンぐらいなのに対して、平水（艀・汽帆船）なら100～150トンぐらい。でも、船代が高くて、コスト面でメリットが出ませんでした。内航船で600トン、外航船だと2000トンも積めるので、水運を利用するなら潮凪（名古屋港西）のヤードから出荷する方がいいのです」

　かつては運河の恩恵にどっぷり浴した鉄くず屋にとって、現在の中川運河はどう映るのだろうか。

　「以前、運河に並行して走る道路は、歩道のない片側2車線でした。今は歩行者も多いので、道路側には気を遣います。一方、運河側

図1　運河側から見る鉄骨造りの建屋
赤みがかった鉄骨と瑞々しい緑の組合せは、一度見ると忘れられない。社屋の一つに、一級の造園家によるものと勘違いしそうな見事な蔦が育っている。野田真外監督の映像作品「名古屋静脈」や井上淳一監督の映画「いきもののきろく」はここにスポットを当てた。

は気を遣う必要がないし、少々音が出ても平気なので、とても助かっています。運河沿いにプロムナードができると、そうはいかなくなりますけどね」

中川運河のメリットは、ほかにもありそうだ。

「電気機器を回収し、銅やアルミなどを取り出すために中国に出荷するということもやっているんですが、回収業者からはうちが一番栄から近い集積場所だと言われます。鉄くずというのは、人が生活している所から出るものですからね。リサイクル業は、原料の発生源の近隣で消費するのが一番効率がいいということです。

鉄くずというとゴミだと思われがちですが、古金商として江戸時代からある商売で、近代製鉄150年の歴史と歩みをともにしてきました。今でも、電気炉の原料の90％は鉄くずです。騒音等が発生するので、周辺からの風当たりを感じることはあります。それでも、キレイなものを支えているのは私たちだという意識はありますよ」

たしかに、下水管理の整っていない水道システムが無責任なのと同様、循環型社会を目指すなら、廃品を付加価値化するリサイクル業は不可欠だ。静脈産業という言葉がなかった時代から、中川運河で行われてきた鉄のリサイクル。そういう産業が町中に共存できる仕組みが必要とされている。

「私が今年、理事を務めています愛知中小企業家同友会では、「国民と地域とともに歩む中小企業」を合言葉にしています。邪魔になったから出て行けと言われないよう、地域社会と共存していけるのが一番いいと思っています」

図2　気まぐれな運河の生態
中川運河では、ときおりカワウが大量発生する。おそらく、餌となるボラの群れの動きと連動しているのだろう。写真は、船の接近を察知して一斉に飛び立つ瞬間。

図3　人工物と自然の共演
八熊橋と篠原橋の間に連なる徳島興業の建屋は、どれも非常に個性的である。この大型クレーンは、現在でも、ストッパーを外せば稼働可能という。

図4　徳島社長
中川運河助成ARToC10のPR企画（於リンナイ部品センター、2015年8月29日）で運河の未来について語る徳島社長。

第Ⅳ部　空間コードを発見する技　117

3 「赤いダイヤ」を運ぶ

倉庫管理人・大野和輝さん

小栗橋

大野さんは、1944（昭和19）年生まれの71歳。中川運河の倉庫で働きはじめて50年あまりという超ベテランである。運河の取扱貨物量がピークを迎えた1960年代の様子を臨場感たっぷりに語ってくれた。
「主に穀物を扱ってたんだわ。北海道からじゃがいもの澱粉やら、小豆やら、いっぱい運ばれてきたわ。俺たちの間では、小豆は「しょうず」と読む。もの凄い値が上がったりしてよ、「赤いダイヤ」なんて言われた。艀1艘で100から150トンぐらい積んで運んできたんだわ。昭和40年ごろの話かなあ」

大野さんの記憶のおかげで、戦後名古屋への食糧供給路として、中川運河が果たした役割の一端を知ることができた。
「運河から入れた穀物を保管するのがうちの仕事。荷役作業は外注するんだわ。作業員は「ナカセ」って言ってな。港の方では「アンコ」って呼んだりもしてたみたいだけど。船が入る日が決まって海運業者に頼むと、必要なだけナカセを集めてくるんだわ。初任給が1万2千円の時代に、1日1万円も稼いだとか。痩せたナカセもおったから、力というより、重い荷物を運ぶコツみたいなのがあったと思うな。俺はできん。俺も田舎の生まれだから力はある方だけどな、ちょっとあれは真似できん。冬でも下着1枚に前掛けで、みんな真っ黒だったわ。

小豆は「マタイ」（麻袋）に入って、1袋60kgはあった。それを手鉤のついた道具で引っ掛けて、かついで、板の上を行ったり来たりして運ぶんだわ。艀と倉庫の間は高低差があるから「うま」をつくってな、そこに板を掛けて上っていくんだわ。バランス崩して運河に落ちることもあったわな。たぶん、運河の底に小豆の袋が沈んどるわ。倉庫の中にも「うま」を組んで、澱粉なら50段ぐらいは積んだな。高く積むときは、荷崩れしないように互い違いにして積んでいくんだわ。そういう積み方を「ハエ」、そういうふうに積むことを「ハエを切る」って言う。

ベルトコンベアの時代がきて一気に作業が

1段目 　2段目

図1「うま」と「ハエ」
ナカセたちは、「うま」の上に渡された足場を使って、7〜8mもの高さまで小豆が詰まった麻袋を積み上げた。護岸と倉庫の橋渡しにも「うま」が組まれた。麻袋を荷崩れしないように高く積むには、縦方向と横方向の配置を組み合わせ、段ごとに配置を切り替えるのがよい。これを「ハエを切る」と言った。

楽になったな。どんどん高いところまで運んでくれるから。でも、ベルトコンベアの時代は短かった。すぐにリフトが出てきたから」

倉庫の中には、リフトで移動させるために専用パレットに載せられた工業製品が山積みにされている。ハングルで書かれた海外からの荷物もあった。

「今も会社として農産物を扱ってるけど、この倉庫に食品は置いてないよ、工業製品ばっかり。自動車工場で使用する溶接材を置いとるわ。うちに保管してある溶接材を、その日に必要な分だけ荷主が取りに来て、空容器がまた返却されてくる。それをまたメーカーが再利用するために取りに来るんだわ。荷役は俺がやるよ。倉庫を閉めたら名古屋駅まで自転車で帰るんだ。15分ぐらいだよ」

運河に面した扉が開け放たれていた。運河を使わなくなってから40年近く。開口部の正面に大木が育っていた。

「この木はいつの間に大きくなったのかなあ。50年前はなかったのに。種が落ちてほっとくとどんどん伸びてくるんだ。新しい芽は大きくならないうちに気がついたら刈っとるけどな。冬から春先にかけてはカワウが何百羽も飛んでくるよ。ボラを食べに来るんだわ。空が真っ黒になるぐらい大群で来るよ。運河を使わなくなってから水が汚くなったんだろうなあ。昔はヘドロを掃除する船があったけど」

図2　荷役作業の様子
水運が盛んだった昭和30年代（推定）の記録写真。段ボール程度の荷であれば、特別な仕掛けを使わずとも、倉庫と艀の間で自由に積降しができた。

図3　開放感のある水辺
運河側での積降しをやめて40年。正面にナンキンハゼの大木が育っていた。ハンモックを掛ければ、気持ちよく午睡できそうな空間だ。大野さんは、この木と運河を背景に、「赤いダイヤ」が運び込まれていた時代をいきいきと語ってくれた。倉庫内には、休憩用の椅子が向い合わせで置かれていた。

4 艀乗りの町の記憶
八百屋西安

中川運河への海のゲートをなす中川口閘門。その手前に架かる中川橋から閘門までの300m余りは、かつて、艀がひしめく船溜りだった。堤防を挟んで西側に隣接する佐野町を訪ね歩くうちに、中川運河と同い年（1930年生）という八百屋の店主に出会った。

「佐野町に来たのは1歳半ぐらいのとき。親がなぜここを選んだのかは知らんけど、藁縄をつくる仕事で蓄えた元手で八百屋を始め、昭和25年にこの家を建てた。昔は佐野町の子どもも築地の小学校に通ってたけど、臨港線の踏切で通学中の事故があって、だんだん子どもが増えてきたからこちら側にも小学校をつくろうということになり、大手小学校ができた。俺は二期生。

町が一番賑わってたのは、自分が低学年だった昭和10年代前半だねえ。毎年10月15日のお祭りのときは、えらい騒ぎだったよ。子どもは家の手伝いをすると1銭もらえて、5銭貯まると築地の映画館に行った。運河でもよく泳いだよ。船べりにつかまって港まで行ったり。船乗りには怒られるけどね」

河原に自生する葦を使った葦簀（よしず）は、庄内川が流れる名古屋南西部の発祥とされる。中川運河近辺でも、一足先に市街化された佐野町の北側は畦道に葦が茂る一面の田んぼだった。「秋に稲の収穫が終わったら、備中鍬で盛り土する。1週間で3〜4本の細長い畑ができると、そこに麦や菜種、じゃがいもなんかを植えてた。畑を収穫した後は、盛り土を壊して、

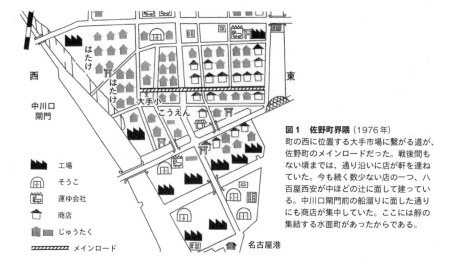

図1 佐野町界隈（1976年）
町の西に位置する大手市場に繋がる道が、佐野町のメインロードだった。戦後間もない頃までは、通り沿いに店が軒を連ねていた。今も続く数少ない店の一つ、八百屋西安が中ほどの辻に面して建っている。中川口閘門前の船溜りに面した通りにも商店が集中していた。ここには艀の集結する水面町があったからである。

また春に田植えをする。遊ばせる土地なんかなかった。畦道には勝手に葦が生えてきて、秋には背丈ぐらいになるから、遠くの方は全然見えなくなった。その葦も刈って葦簀の材料になった。

4年生のときに大東亜戦争が始まって、小学校でも組ごとに柔道、剣道、長刀なんかを習った。でも一番苦しかったのは、本気で飢えた戦後2年ほど。あの頃、家の前のどぶでウナギの稚魚がよく獲れた。爆撃で運河の護岸がやられて、塩水が漏れてたんだねえ。初めはマッチ棒の軸ぐらいのを、4月か5月に20匹ぐらいつかまえて防火用水の中に入れとくと、夏には小指ぐらいになってる。日照りで用水の水が減ったときにそれを掬ってたよ」

八百屋の前の道は往時のメインロード。東に行くと、突き当たりが船溜りだった。主人は、町の賑わいと盛衰をともにした艀乗りたちの記憶を語ってくれた。

「うちの前の通りはこの辺りで随一の商店街だったけど、今では見る影もない。町内に十数軒あった喫茶店も、全部なくなってしまった。それじゃ車に乗れない年寄りが買物に困るから、うちも数年前までは配達サービスをしていた。最近は、量販店が宅配サービスをやっているらしいな。

町が賑やかだった頃は、夜になると、たくさん艀が停泊していた。舟底に4畳から6畳ぐらいの部屋があって、ベッドみたいなのがこしらえてあった。家族は町内の家に住んでいても、船頭は舟で寝起きすることが多かった。いつ船が入ってきて仕事になるかわからないから、その方が便利だったんだな。船頭は三河や篠島の次男、三男が多かったみたい。

俺たちの子の世代になると、就職で家を離れ、親が亡くなると土地を売ってしまう。そこに新しい住民が入ってくる。この辺は町割こそ変わってないけど、住んでいる人はかなり入れ代わってしまったということだな」

図2　水運最盛期の船溜り（1966年）
中川口閘門の外側、中川橋のくびれまでの区間が船溜りとして利用されていた。艀がぎっしりと係留された光景は迫力ものである。

図3　八百屋西安の外観
築64年を迎えた木造2階建て。鎧のような雨戸と写真右端の斜めに突き出した五右衛門風呂の煙突が印象的だ。戦後間もない頃は道路が未舗装で、車の跳ね上げる石がよく家の壁や扉に当たったという。

図4　店の中に凝縮された時間
壁際に並ぶスロットマシンが目につく。子どもが多かった頃は、駄菓子がよく売れたという。八百屋が流行らなくなってきてゲーム機を入れたが、それも過去のこと。五右衛門風呂の煙で黒ずんだ天井が、狭い空間に凝縮された時間を感じさせる。

5 ものづくり都市の粋

株式会社大矢鋳造所

小栗橋

小栗橋から北支線に入ると、道路の西側に金刀比羅社の鳥居が見える。中川運河開通後は運河総鎮守とされ、地元では運河神社「上の宮」ともいう。上の宮境内に立つ「名古屋城築城石切場跡」の石碑は、名古屋城築城の折、笈瀬川を運ばれてきた石材の加工場がここにあったことを伝える。

運河開削後まもない1937（昭和12）年、上の宮のすぐ隣に堂々とした姿を現したのが、株式会社大矢鋳造所である。以来、中川運河と歩みをともにしてきた現社長、大矢正明氏に話を伺った。

「祖父が米野（現在の中村区米野町）で会社を創業したのは1919（大正8）年のことです。米野の工場が手狭になったので、大矢家が月島町にもっていた土地を分家した祖父が受け継ぎ、新工場を建設しました。私は当時12歳でしたが、花火大会が開催されていたのを覚えています」

保存されていた貴重な竣工鳥瞰図を見ると、運河に面した鋳造所のほかは、近隣にいくつか小集落があるくらいである。右隣に運河神社が描き込まれていなければ、密集市街地をなす現在の月島町と同じ場所だと、にわかには信じがたい。

「移転当時の5連ノコギリ屋根の木造工場は、つい最近まで使っていましたが、震災や火災のことを考えて、2007年に取り壊しました。伊勢湾台風のときには浸水被害に遭って、まだ珍しかった多層工場に建て替えました。それが入口北側の現役の建物です。唯一、移転当時のまま残っているのは、運河沿い敷地の

図1 大矢鋳造所の竣工鳥瞰図
周りの風景の変貌ぶりに驚きを禁じえない。かろうじて、北隣の上の宮と運河に面して建つ社屋が、場所の記憶を今日に伝えてくれる。

図2 大矢社長

2階建て倉庫です。こちらは、1階を倉庫、2階を従業員の更衣室として活用しています。

2019年には創業100周年になります。100年続く会社には、それなりの理由があると考えています。そこまでの企業になれるように頑張っているところです」

現在は、航空機、新幹線、精密機械などに使用される特殊銅合金製ベアリング保持器の開発・生産に特化している。時代に素早く対応しながら、高付加価値の製品を多品種少量生産する。職人気質に貫かれた企業の逞しさをみた気がした。

「鋳造から最終製品までの一貫生産は、創業時からの理念です。画期的な金型遠心鋳造法を開発し、高付加価値の製品を自社でつくることで、競争力をつけてきました。自社の製造工程で生じた切削屑も自社でリサイクルできる。そのような企業は多くないです。主要取引先の大手ベアリングメーカーさんは創業当時からのおつきあいです」

そうした良質のものづくり都市の粋というべき営みが都心近く、中川運河の畔で続けられているのをみると、なんとも頼もしい。

「近隣住民の方々に対しては、音や振動に気をつけるのはもちろん、集塵機の設置など、環境面で最大限の配慮をしています。なにしろ、鋳造の工程で水蒸気が出ただけでも、「煙が出ている」と思われるくらいですからね。周辺では、郊外へ移転してしまった工場も多いです。

私たちも、移転を考えたことはありますが、今では、この場所のメリットをいかしたいと思っています。都心から近く、来客のときも、社員が出張するにもとても便利です。これほど良い場所はありません。近くで始まったキャナルアートの活動にも協力しています。私たちのような製造業が共存できる、運河の再生となることを望んでいます」

図3　運河神社上の宮
金刀比羅社と西宮神社の名を刻んだ石柱が並び立っている。由緒書によると、約500年前に御伊勢川（笠瀬川の古名）の守護神としてこの地に祀られたのが、疣（イボ）の神様としても知られる西宮神社である。金刀比羅社はもともと、現在の西区那古野にあったが、紀元2600年（神武天皇の即位記念行事が行われた西暦1940年）、ここに奉遷し、開通後間もない中川運河の総鎮守となった。

図4　大矢鋳造所
2012年に新築された第2工場。現在、3階はほとんど使用されていないが、災害時の避難場所とすることが念頭におかれている。

図5　運河沿いの社屋
2階建ての木造倉庫は、大矢鋳造所が月島町へ移転した当初のもので、丁寧にメンテナンスされていることが一目瞭然である。

6 モザイク化する町

中川本町総代・柴田昇さん

中川口閘門

中川運河が全通した1932（昭和7）年、運河発展・海上安全を祈願して、水運の神様である金比羅が中川本町に祀られた。名四国道の南、中川本町5丁目のマンション群に挟まれて、小さな社殿が建っている。傍らの社務所は、1985（昭和60）年に公民館として建て替えられた。中に入ると、壁に由来書が掛けられていた。曰く、鳥居、手洗、常夜燈は、運河建設時に立退きとなった神社のものを使ったという。月島町の「上の宮」に対して「下の宮」と命名され、往時は、両者の間を御霊が行き来する盛大な中川運河祭りが行われた。

現在の氏子総代、柴田さんに会う機会を得た。

「私は昭和11年、三重県津市の生まれです。工業高校卒業後に名古屋港管理組合に就職して、土木技術者として名古屋港4号地の整備に携わりました。若い頃は4号地の中に住んでいましたが、その後、一時期を中川口閘門脇の名港管理組合の官舎で過ごしました。船が閘門の壁に当たると官舎が揺れたのを憶えています。中川本町の今の家に越してきたのは昭和50年代です。大きな木工所があった場所で、敷地面積50坪、建坪25坪の分譲住宅として64戸が一斉に売り出されました。半年か1年ぐらいで完売でしたよ」

中川運河の歴史資料を調べていて運河祭りの写真を発見した。いったいどこの誰が担い手だったのか。答えは意外なところにあった。「昔は、中川橋と中川口閘門の間に係留されていた艀にたくさんの水上生活者がいたんです。中川本町6丁目・7丁目地区には船頭さんたちや家族が多く住んでいました。なかには、家と艀の両方で生活する人もいましたけどね」

図1　下の宮の常夜燈
築30年の社務所（公民館）とは不釣合いなほど風格があるが、確認すると、中川運河開削に伴って立ち退きになった神社から移設されたものだった。

図2　艀の模型
社務所（公民館）内の収納庫には、見事な艀の模型が保管されていた。作者は、1994〜1999（平成6〜11）年に副総代を務めた松本岩男さん。中川運河の艀の模型はもう一つあり、名古屋港ポートビル内の名古屋海洋博物館に展示されている。

船頭の仕事というのは時間が不規則でしょう。船が着くと、夜中でも荷が下りるまで仕事ということもある。その代わり、終われば休みになるので、サラリーマンとは違う時間の使い方ができるんですよ。そういう人たちが担っていたから、運河祭りができたんですね。揃いの浴衣や帯を用意して、婦人会の人たちが船で月島町の上の宮まで行き、踊りを奉納していました。蝋燭を灯した提灯を竹笹に吊るして、家の軒先に出したり。綺麗でしたよ。今では、夫婦共働きで婦人会もやる人がいなくなり、15年ほど前に運河祭りはやめになりました」

　1990年代以降、町内の工場はあらかた撤退し、跡地のマンションに多くの「新住民」が入居した。こうして、運河とともに育った町が多数のモザイクに分解され、上の宮と下の宮のつきあいも少なくなった。

　「年に1回の例祭はやっています。7月31日が宵山、8月1日が本祭だけど、氏子は総代の自分を含めて6人。神主をお招きして、お祓いをする程度しかやれないですね。氏子の日頃の仕事は賽銭の管理や社務所の維持などです。新しく氏子になってくれる人を呼びかけていますが、なかなかみつかりません。一時、町内の子どもが10人くらいにまで減りました。今は少し戻って14〜15人。神社の境内でああやってボール遊びをしているのは、ほとんどマンションの子どもですが、マンションの人たちは、運河祭りにはあまり興味がないようですね。

　ワンルームマンションも多いですよ。転居が集中する年度末は、粗大ゴミが不法投棄されることもあります。いろは公園のゴミ集積所は人目につきにくいですからね。中川口緑地でも、車で犬の散歩に来て、糞の始末もせずに去ってしまう人を目にします」

　中川口緑地が整備されたおかげで、レガッタを楽しむ空間が生まれた。しかし、そこでひと時を過ごす近隣住民はけっして多くない。中川運河の再生は、同時に、綻びが目立つ生活空間を再建するチャンスでもあるはずだ。

　「港区役所横のアピタや荒子川公園のジャスコへ車で買物に行く人が多いです。しかし、車に乗れないお年寄りなどは、1時間に1本のバスを待つか、品揃えのよくない近隣スーパーに行くしかありません」

図3　中川本町総代・柴田さん
旧版住宅地図を前に、中川本町で宅地開発が進んだ昭和期の様子を振り返る。聞き手は、空間コード研究チームの内山。

図4　建ち並ぶマンション群
下の宮がある中川本町5丁目に残っていた工場は、すでに大部分が撤退し、跡地に十数階建てのマンションが林立している。

7 住んでよし、商いにもよし
江上建材店

柳原橋

小栗橋でY字に分岐する中川運河は、東支線は松重閘門へ、北支線は笹島の堀留へ向かう。長良橋でいったん65mから90mに広がった川幅は、支線に分かれると、一気に35mに狭まる。それゆえ、支線では対岸が近く、一般民家並みのスケール感の建物が密集していた。運河沿いの木造建築の解体が進む今、江上建材店は、河辺で寝起きした記憶を伝えてくれる貴重な存在だ。

「運河ができる前、松重閘門の辺りで祖父が大工をやっていた。運河沿いのこの場所で建材店を始めたのは親父の代だよ。その頃は、渥美半島から玉砂利を仕入れて、市内へ持っていった。常滑の陶器の土管や煉瓦を市内の現場に運ぶこともあったらしい。親父が建てた家は戦災に遭って、戦後まもなく、建て直してこの事務所兼住宅ができた。ただ、子どもに会社を継がせるつもりはないから、俺が商売を畳んだら、壊して更地だろうね」

そういう社屋を覗かせてもらうと、中はえもいわれぬユニークな空間だった。道路に面した事務所が1階で、急な階段を下りると、運河に面した地下に出る。いや、むしろこちらが1階というべきか。厨房横の勝手口を開くと、水面がすぐ下に広がる。

「運河に面した部屋で寝ていると、ボラの跳ねる音が聞こえてきて、粋な感じだったよ。今は、すぐ近くに別の家を建てたから、もうここでは寝起きしていないけど。でも、ここは集まって宴会するには最高の場所。多いときは、息子の友達が20人ぐらい来て、飲み会をしていたこともある。名古屋駅から近いし、夏でも、運河から入る風で涼しいし。やっぱり水辺はいい。

伊勢湾台風のときは、階段のところまで水に浸かった。自分は子どもだったから、家の中まで入ってきた魚を釣って遊んでた。東海豪雨のときは、護岸ギリギリまで水位が上がって、浸水を心配したけど、なんとか排水が間に合った」

図1 江上建材店の空間構成
支線部では護岸地の奥行きが小さい。そのため、運河側に開口部をもつ建物は、内部に階段を設け、道路側とフロアを分けている。東支線は、海からの風の影響を受けにくいため、水面に鏡像が現れる確率が高い。この日も、旧護岸を境に綺麗な反転像が見られた。

もちろん、水辺がよき思い出のみで満たされているわけではないが、話を聞いていて不思議と悲愴さは感じない。
「昭和30年代頃までは、河口の方に水上生活者の町があって、うちに荷物を運んでいた艀も、中で生活しているみたいだった。伊勢湾台風後、市が水上生活者を陸に上げる政策をとったので、昭和40年代にはいなくなったかな。

運河では時々自殺者が出て、自分も何度か通報したことがある。水難者や子どもの事故もあったから、供養のためにと思って、親父が家の隣にお地蔵さんを祀った。

運河の水は戦後、高度経済成長期までは相当に汚かった。ガスが出て、泡立っているような状況。魚も背中が曲がった奇形が泳いでいた。生まれたときからここで暮らして慣れているせいか、臭いはそんなに気にならないけど、嫁さんは初めて来たとき、駅に着いたらいきなり臭いと言ってたね。その後、かなり改善されて、ポケットのライターをうっかり落とすと、底に届いたのが見えるぐらいきれいなときもあった。岸壁には藻が生えて、カニやフナムシもいたな」

生活と仕事の両面で一生を中川運河とともにしてきた江上憲男さん。その人生経験は、氏が期待する運河の将来像にも映し出されていると思った。

「露橋処理場の上が公園になるって聞いているけど、どうせ再開発するなら面白くしてほしい。行政は住居は住居、工場は工場と分けたがるけど、人が住んでいて、商売をする人がいて、工場があってというのが、統一感はなくても味があるんじゃないか。人間は表もあれば裏もある。表ばかりの町だと、つまらないテーマパークみたいになるよ。ルールがないと卑猥なものもできるかもしれないけど、それも面白いじゃない。堀川の再生計画のとき、行政が描いた再生計画には住民の姿がまったくなかった。行政はきれいな絵を描きたがるけど、古いものも残してほしい。

物の時代は終わったから、人を活用するような産業を誘致するといいんじゃないか。3階建てくらいのワークスペースとか。中川運河には新しい価値が出てきていると思う」

図2 水難者供養の地蔵菩薩
建材店社屋の東隣、柳原橋たもとの小さな敷地に柳堀地蔵尊がたっている。赤い帽子と花柄の衣を纏った女性像に、1対の花が供えられている。左の小さな建屋を覗くと、両目と唇を綺麗に塗った母と子の姿が見えた。

図3 事務所内で歓談する江上社長
そろそろ店じまいを考えている社長であるが、「あと30歳若ければ、中川運河で新しいことにチャレンジしたかも」と言う。

8 アーティストの踊り場
浅井信好さん

舞踏家の浅井信好さんは、中川運河育ち。ヨーロッパを中心に活動してきた。2011年からは、縁あって中川運河キャナルアートに参加することになり、運河沿いの倉庫や水上ステージを舞台にパフォーマンスを行った。浅井さんと中川運河のかかわりについて、お話を伺った。

「生まれは星ヶ丘だけど、小一のときに中川運河近くに越してきた。その頃の運河は臭くて、汚くて、冷蔵庫が浮いてたりして。大人には「あそこに近づいちゃいけない」と言われた。当時は、ほとんど運河に関心はなかったな」

そんな浅井さんが、ダンスを通して中川運河とかかわるようになる。

「中学の頃からストリートダンスを始めた。当時、近くにダンスが練習できる場所はなく、探していたら小栗橋たもとのポケットパークを「再発見」した。ラジカセで大きな音が出せて、誰にも邪魔されない。夜中の12時頃まで毎日のように練習した。家が近くで、家の人もいつでも見に来れるから。その頃は街灯もなく、暗いなかで踊っていた。クラブで踊るのとそう変わらないよ。自分で振り付けもやっていたから、ほかの仲間と踊るより、一人になる時間が必要だった。自分にとっては心地よい居場所だったね」

浅井さんの中川運河での練習は高校時代まで続いた。卒業後、東京へ出て本格的にダンサーとしての活動を開始。コンテンポラリーから舞踏まで、幅広い表現活動を手がけた。その後、ヨーロッパに足場を移し、数々の舞台に出演する。海外で活動を続けるなかで、浅井さんにとって、中川運河はいつしか遠い存在になっていた。ところが、あるきっかけで中川運河キャナルアートの活動を知ること

図1 小栗橋たもとのポケットパーク
浅井さんが青春時代を過ごした場所。

図2 Coup de folie
鬼頭運輸倉庫で行われたパフォーマンス。肥大化し自然を逸脱した現代のテクノロジーに翻弄される人間の姿とその再生を描く。

になる。

「知人のツイートで中川運河キャナルアートを知った。最初は「え？ あの中川運河？」って感じ。海外で活動するなかで、自分のルーツやアイデンティティのことを考えることが多くなっていたし、市民活動にも興味があった。正直、自分の出発点でもある中川運河でそのような活動が行われていることに、「なんで自分が思いつかなかったのか」という嫉妬のようなものを覚えたよ」

中川運河キャナルアートとコンタクトをとった浅井さんは、その後2012年、2014年の2度にわたって中川運河での公演を行った。「最初の公演 (Coup de folie, 2012) では、ヨーロッパでの舞台をベースに、アーティストとして参加した。このときは、中川運河や倉庫といった場所性をいかしきれず、不完全燃焼だった。2回目 (Nature／Landscape／Human, 2014) はプロデューサーとしてかかわった。一人ではなく、多くの人とディスカッションや共同作業を重ねていくなかで、以前とは違うものが見えてきた。その場所に身を置いてつくることができたのは大きかったね。最初は考えていなかったリンナイ旧部品センターを会場に選んだ。それに、水上ステージを製作した愛知淑徳大学の学生やオーディションで選んだ名古屋のダンサーたちなど、自分より若い世代の人と一緒につくりあげていくなかで、「この人たちの思いをかたちにしてあげたい」と思い、未来について考えるようになった。自分としては、この作品が大きな転機になったね」

浅井さんは2015年から名古屋に拠点を移し、新たな活動を始める。これからの中川運河への思いを尋ねてみた。

「今後は大学に戻り、教育や高齢者福祉へのアートの応用や実践について研究していきたい。ドイツではダンスセラピーなど、公的な資格にもなっている。ヨーロッパだと、水辺を生活の一部に取り込んでさまざまなかたちで有効に利用しているよね。将来、中川運河に高齢者たちが穏やかに死を迎える場として、ターミナルケアの施設をつくりたい。少子高齢化のなか、幸せに生きるためにはもっと死についてちゃんと考えるべきじゃないかな」

図3 Nature／Landscape／Human
リンナイ旧部品センターと中川運河に浮かぶ水上ステージを舞台とした。倉庫内での緊張感に満ちた群舞と、水上で展開するストーリーとフィナーレ。中川運河の場所性をいかしたキャナルアートの集大成的なパフォーマンスとなった。

図4 中川運河と浅井さん
ポケットパークからの眺めは、浅井さんが中高生の頃から慣れ親しんだ日常の風景。

9　艀が活躍した時代

森川登喜男さん

東海橋

中川運河開通から84年。貴重な当時の生き証人を探し歩いていると、「もう少し早く来てくれていれば……」と言われる。ようやく話を伺えたのが、新船町に住む1925(大正14)年生まれの森川さんである。

「このあたりはもともと十二番と呼ばれていて、番割ごとにお地蔵さんが立っていました。すぐ近くの素盞鳴神社の鳥居には大正12年と刻まれています。なにぶん幼かったので、運河になる前の中川のことはあまり記憶にないですが、田んぼが広がり、家の北側は沼地のようになっていました。その中に祠があって、墓地もあったと思います。

新船町のこの家に移ったのは伊勢湾台風の直後で、昭和35〜36年頃だったと思います。伊勢湾台風のときは、運河から道路を挟んだ反対側の敷地までは大丈夫でしたが、それより西の家は水に浸かっていました。15年前の東海豪雨では、ちょうど家の玄関先で水が止まってくれました。小碓公園の辺りは浸水しましたけど」

森川さんにとっての幼少期の思い出は、そのまま中川運河の記憶でもある。

「運河ができた頃は、岸に沿って石炭や資材がバラ積みされていました。建物はまばらで、ほとんど運河が見える状態でした。だから、子どもは好き勝手なところから運河に出入りしていました。

私が小学生の頃は、よく運河で遊んでいました。対岸まで横断したり、橋から飛び込むこともありました。船につかまって、橋を6つも7つも上りましたねえ。それで、帰りの船が捕まえられず、歩いて戻るとか。事故の記憶はないですが、そういえば、戦中までは、食糧不足のために四出で魚をとっている人がいました。イナだったと思います。でも、戦後は学校からストップがかかり、運河では泳げなくなりました」

運河沿いの倉庫で長年、荷役に携わった森川さんは、物流軸としての中川運河の重要性が失われていった過程を、わかりやすい言葉で説明してくれた。

「この辺りは海運関係者が多く住む町で、隣の家は船頭さんでした。私は、昭和27年から金船町の倉庫会社に勤務し、そこで定年まで働きました。扱っていたのは、主にタイル、茶碗といった陶磁器や小型機械です。陶磁器は、多治見、瑞浪、瀬戸からトラックで運び込まれていました。それを手作業で艀に積んでいきます。タイルなら1艘に100トンぐらい。夜中まで作業が続くこともありました。

通常、倉庫と艀は別会社でしたが、大手は両方もっていましたね。私が勤めていたような中小の倉庫業者も、荷が少ないときは、「共積み」といって大きい会社の艀に乗せてもらうことがありました。

当時、名古屋港には出っ張りが3本しかなく、貨物列車で運ばれてきた荷は、直接船に積み込まれていました。ところが、実際には接岸できない船が多い。だから、沖合いに停泊して、艀に荷を積み換えて運河に運ぶという方法が合理的だったのです。港の大型化とコンテナ化が進み、艀が必要なくなると、中川運河の利用価値もなくなったということです。私の勤めていた会社も、今は稲永・金城埠頭に移転しています」

現在の中川運河エリアを歩くと、日常の買物の必要性に応える商業集積の少なさに気づく。工場と住宅が混在する市街地では珍しくない問題であるが、どうやら新船町界隈では、今と昔でかなり状況が異なるようである。
　「東海橋の北西に市場がありましたし、昭和50年代頃までは東海通り沿いの商店街が賑わっていて、日常に必要なものは何でも揃いました。今は、近くに残っていた小型のスーパーもなくなってしまい、数キロも離れたアピタやマックスバリュまで買い物に出かけています。
　ただ、昔のことを思い出しても、ここらで祭りがあった記憶はないですね。上の宮と下の宮で運河祭りが行われていたことは知っていますが、行ったことはありません」

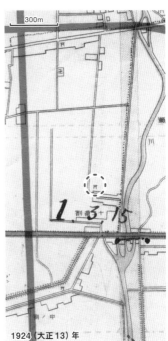

1924（大正13）年

図1　中川運河の荷役作業
名古屋港は横浜と神戸の間にあり、次の入港時刻に合わせるために、往時は、昼夜を問わず荷役作業が行われたという。写真は、名港海運の社史に掲載されたもの。

図2　熱田新田付近の変化
1924年の「都市計画街路網及び運河網」に描かれている笈瀬川は、1935年の市外全図では中川運河に取って代わられ、両側に矩形の工業用地が造成されている。図左下にみえる「く」の字を傾けたような街路は、土古山新田開発時に築かれた堤防の名残である。丸印で囲ったのが素盞嗚神社。

1935（昭和10）年

10 運河はスマートな土場
金田木材株式会社

東海橋

　東海橋の南西に昭和の面影をそのままに残す製材所がある。大きな開口部から運河に向けて突き出たクレーン。水面上に係留された丸太。鉄骨の建屋に包まれた木造2階建て瓦葺の家。一度見ると忘れられない中川運河の風景のひとコマである。
「創業したのは俺の親父で、今年で53期目。最初は日比野の方でやってたけど、俺が小学生の頃、今の場所に移転してきた。俺は、最初から跡を継ぐつもりで、よその木材市場に修業に出ていた。そしたら、親父が仕事中に大怪我して、一命はとりとめたけど体が思うようにならなくなったんだわ。それがきっかけで、予定より早く金田木材に入社することになった。22歳のときかな。
　ここは最初、家の脇に小さな作業場があるだけだった。鉄骨の建物は後からで、俺が中学1年のときにできた。家はそのままで、被せるように工場を建てたから、工場の中に家があるみたいになってるわけ。それで、昔は家族みんながここで寝起きした。俺は昼間、築地のばあちゃんのところに預けられてたから、親が働くところはあまり見ていない。でも、母親は男と同じ仕事をして、一緒に遅くまで働いていたと思うよ。80歳で亡くなるまで働き者だったね。
　今の家は臨港線の踏切の方にある。だから、俺の子どもは全然工場を見ないで育った。この仕事の大変さがわかってないから、3代目として継いでほしいとは思わないな」
　製材所といえば、水運との密なかかわりを想像するが、実際はどうだったのだろうか。
「1970年代頃から急激に増えた南洋材は20mくらいあるから、扱うには広い土場が必要なんだよ。材木店は製材された材料を扱うからいいんだけど、うちみたいに原木を製材するところは、通常なら1,000坪ぐらい必要。たった200坪で済んでいるのは、目の前に広い土場の役目をしてくれる水面があるからなんだ。
　以前は、「水面を使うのは間口幅」というルールがあった。今はほかがいないから実質無制限に使える。二軒南の運送業者の辺りまで丸太を浮かべてたこともあるよ。それから、運河の真ん中は船が運航するから、使っていいのは岸から橋桁までの半分ぐらいまでとい

図1　金田木材の社屋
運河に大きく開いた社屋の前に、製材用の丸太が多数浮かべられている。工場の中に家が建っているのには驚いた。積み上げられているのはパレット用の角材。

う約束事もあった。岸に近い方は、ヘドロが堆積して船が運航できないし。

昔は、中川運河沿いに材木関係の事業者が60社ぐらいはあったよ。「中川会」という業界の親睦会があって、12社くらい入ってた。会費を積み立てて、数年に1度旅行をしたね。南洋材の皮を剝ぎ、単板を接着剤で貼ってベニヤをつくる技術は名古屋が発祥だから、ベニヤ業者が多かった。今は、ベニヤ屋さんといってもほとんどが商社で、昔からのベニヤ屋さんで残っているのは1軒だけだよ。中川会も会員が減って解散してしまった。

今では、港から材木を運ぶのは全部トラック。筏を組んで水路で運ぶのが採算上有利になるには、20本のものを10枚とか20枚といった、かなりの物量が必要だからね。それ以下ではトラックの方が安くつく。でも、「土場」は使ってるよ。道路側から仕入れた材木を、工場の中をクレーンで通し、反対側で水面に降ろす。水に浮かべておくと奥の材料でも簡単に取り出せるのもメリットだね」

工場では、社長を含めて5人くらいのスタッフが忙しそうに働いている。扱っているのはもはやベニヤではない。

「住宅用建材は、大手が大量安価に供給するので、もはや太刀打ちできない。困って目をつけたのが、建材加工大手のプレカット工場から排出される端材だった。これを幅揃えしてサイコロ状に加工すると、荷役に使う木製パレットの材料として出荷できるからね。最近は競争相手も参入してきたけど、端材が出たらすぐに取りに行ける対応力のある会社として、信用してもらっていると思う」

普通ならゴミになってしまうような、隙間産業ならぬ隙間資源の事業化を思い立った金田英雄さん。街中を抜ける中川運河に似合った産業のあり方を、また一つ垣間見た気がした。

図2　金田社長

図3　現役のクレーン
中川運河沿いの倉庫・工場から運河に向けて突き出ていたクレーンの多くは、今日では、建替えに伴って消失するか、水面上の突出部分を切り取られた惨めな姿を晒している。金田木材のクレーンは、現役で活躍中の数少ない例の一つ。道路から水面上まで、建屋の幅いっぱいで自在に動かすことができる。

図4　道路側での積降し
水面を土場として使いつづけている金田木材でも、出入荷は道路側からトラックで行われる。

第Ⅳ部　空間コードを発見する技　133

● 中川運河祭り

　2015年8月1日。下の宮と上の宮の例祭に参加した。毎年、下の宮は8月1日、上の宮は8月第1土曜日が祭りの日と決まっているが、今年は、幸運なことに両方が同じ日に重なった。金比羅さんのみが祀られた下の宮とは異なり、上の宮では、祭神の天照大神の荒魂のほか、同じ境内に金比羅、白龍、秋葉、稲荷とさまざまな神様が祀られている。そのため上の宮では例祭も年6回と多い。

　こぢんまりとした下の宮では、祭りといっても神事を行うだけだが、お供え物を用意し、旗を立てたりと、限られた人手で前日から準備を整える。バタバタと忙しくもあり、少し楽しげな非日常の雰囲気に、祭りがまだ生きていることを実感した。当日は、9時からの神事に合わせて16人の近隣住民が集まり、玉串を奉納する。賽銭箱やフェンスの設置など、神社の維持に必要な諸々をすぐ隣の企業が支えている。その功労に対する感謝状の贈呈も同時に行われた。

　30分ほどで神事は終了し、集まった住民は助六寿司とお菓子、ビールにお茶を囲んで直会(なおらい)を行う。上の宮から来た神主は、通常なら氏子とともに直会に参加するのだが、この日は、11時から上の宮で行われる神事のために、運河沿いを車で上の宮へ向かった。

　上の宮は下の宮に比べて規模が大きく、2間続きの座敷のある社務所を備えている。祭りの日には、朝7時から近隣住民が集まって座敷の畳を拭き、長机と座布団を並べる。神事は、11時から社殿の中で行われた。それが終わると仕出しが届き、社務所で直会となる。神主、氏子の他、地元の政治家など20名余りが集まった。19時からの奉納手踊りは、境内に組まれた櫓の周りで行われる。子どもや若者も浴衣を着て集まり、さほど広くない境内がいっぱいになった。

　上の宮の祭りは大がかりだが、広報や音響を含めて、すべて氏子たちの手作りである。写真は「西宮神社だより」に載って、近隣に配布される。鳥居の設置や社殿の修理などの大工仕事は、氏子総代から「スーパースター」と紹介された大工さんがほぼボランティアで担っている。社務所にはそうめんや漬物とともに、自宅でとれた野菜も用意されている。子どもたちが手に入れたおもちゃを見せてくれた。

　河口から運河沿いに来ると、上の宮まで7km余り。しかし、水運が盛んだった頃は、夏の例祭を拡大して、下の宮と合同で運河祭りを開催した。今年も、2日間にわたる奉納手踊りの一曲目は「港音頭」だった。

図　運河神社の例祭
下の宮（左）では、境内の片隅にかつて土俵があって、子ども相撲が行われていた。上の宮（右）は、多数の神様を祀る歴史の古い神社で、「西宮神社」と総称されている。上の宮が活気に満ちた行事を維持できていることには、地域住民の努力とともに、隣地の大矢鋳造所をはじめ、周辺企業からの経済的支援が大きく寄与している。

● 運河の隣人たち

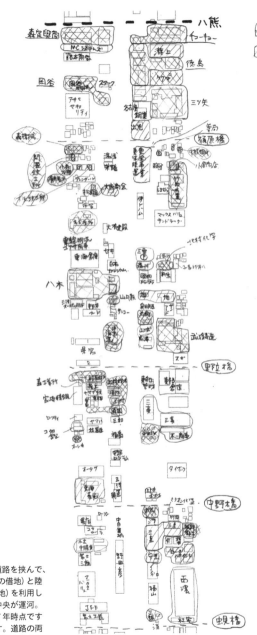

中川運河の両側に並行する道路を挟んで、運河側の倉庫敷地（名古屋市の借地）と陸側の建築敷地（売却された土地）を利用している隣人たちを描いた。中央が運河。網掛けは、1959年／1967年時点ですでに立地していたことを示す。道路の両側を一体利用している事業者が少なくないことに注目したい。

第Ⅳ部　空間コードを発見する技　135

SP2

運河に生える自然

1 水辺としての中川運河
市民へのアンケート調査

　都市において水辺が果たすレクリエーションの場としての役割は小さくないだろう。広い水面と広い空を併せもち、護岸地の一部に公園的な空間を有する中川運河であれば、その役割はいっそう重要ではないかと予想される。しかし、もともと中川運河は、産業の水上輸送路として誕生したものである。はたして近隣住民は、中川運河をどのように利用し、意識しているのだろうか。

　こうした問題意識から、中川運河の利用状況および意識を把握するために2014年9月、市民へのアンケート調査を行った。回答者は、中川運河に接する小学校区の住民200人（以下、運河近隣住民）、その他の名古屋市内の住民200人（以下、名古屋市民）の計400人である。今回はWebアンケート調査法を採用したため、回答者がインターネット利用者に限られるが、名古屋の水辺のなかで中川運河に焦点を当てる貴重なデータが得られた。

名古屋市民の水辺利用

　運河近隣住民を除いた名古屋市民の回答者200人のうち、中川運河を最もよく利用していると答えたのは1.5％にすぎなかった。しかし、対象エリアを絞って運河近隣住民200人をみると、いずれの河川・運河も利用しないという回答が4割を超える一方で、中川運河利用者の比率は約25％となる（図1）。

　当然ながら、名古屋市民といっても、居住エリアによって利用する河川・運河が異なる。調査結果によると、名古屋市全体でみれば中川運河利用者の比率は高くないが、近隣住民の間では中川運河が一番利用されている。

運河近隣住民の水辺への意識

　次に、運河近隣住民の水辺に対する意識を探るために、3種類の質問への回答を取り上げたい。ここでは、運河近隣住民200人のなかから、中川運河を最もよく利用する住民50人を区別し、その他の運河近隣住民と比較しながら検討する。

　まず、河川・運河一般に対して抱く感覚について、運河を一番利用する住民は、その他の運河近隣住民よりもやや高い好感度を示していることが示唆された（図2）。河川・運河空間のなかのどこを利用するかについても、両者の間に相違がみられた。とりわけ、橋をよく利用しているという点は、中川運河の利用者の特徴と言える（図3）。他方、河川・運河が開発対象となる可能性を想定した質問では、中川運河を最もよく利用する住民の方が開発に対してより許容的な態度を示した。とくに、「景観・利便性が向上するなら現状の様子が無くなってもかまわない」を選んだ回答者が多く、中川運河がより良く変わることに期待していることが窺えた（図4）。

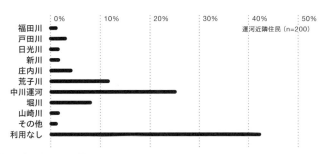

図1 運河近隣住民が利用する河川・運河

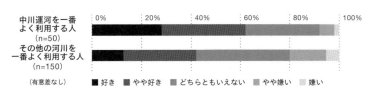

図2 河川・運河に対する好感度

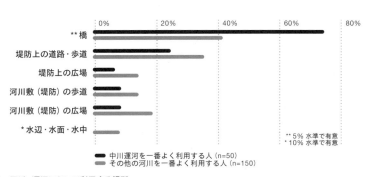

図3 河川・運河において利用する場所

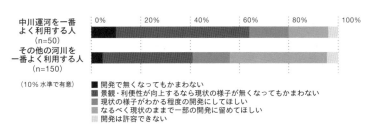

図4 河川・運河に対する開発許容度

中川運河の利用実態

さらに、中川運河を一番利用している運河近隣住民50人に絞って、利用実態を詳しく調べてみた（**表1**）。

交通手段に関しては、徒歩と自転車が拮抗しているが、実際には年齢層による違いが大きい。自転車の利用が多い30歳未満に対して、40代以上の回答で多かったのは徒歩である。また、中川運河のどこが利用されているのかを知るために、全体を4つのエリアに区分して、一番利用するエリアを質問した。利用者が最も多かったのは長良橋から中野橋までの区間である。利用目的については、40～50代で魚釣りや癒しを選んだ回答者が散見された。東海橋以南の運河沿いに整備された緑地を利用しているのであろうか。

運河景観に対する感覚

アンケート調査では、中川運河の景観に対する心理的評価の把握を併せて試みた。そのために、橋の上から直角に運河をとらえた写真を運河近隣住民と名古屋市民を合わせた全回答者に見せて、SD法による景観評価の回答を得た（**図5**）。SD（Semantic Differential）法とは、「好き―嫌い」といった反対語の対からなる評価項目を複数使って、対象についての心理的評価を行う方法である。本調査では、10種の反対語の対を提示し、各7段階の両極性の尺度で評価した。中川運河の特徴を掴むうえでは他の運河との対比が有効であると考え、中川運河6地点のほか、堀川4地点および山崎川1地点を調査に加えた。

結果データの分析では、各写真についてSD評価値の平均値を求めた。この平均値を主成分分析にかけることで、10種の評価項目を少数の変数に要約することが可能となる。分析の結果、第1主成分は「爽快性」、第2主成分は「自然性」と解釈できた。さらに、これら

表1　中川運河の利用実態　　（単位：人）

利用回数	1回	4
	2～4回	17
	5～14回	7
	15～49回	11
	50回以上	11
滞在時間	10分未満	18
	10～30分	19
	30～60分	11
	60分以上	2
交通手段	徒歩	21
	自転車	20
	自動車	7
	バス・タクシー	2
利用エリア	❶ 長良橋以北	10
	❷ 長良橋～中野橋	22
	❸ 中野橋～東海橋	12
	❹ 東海橋以南	12
利用目的	景観	7
	散歩	19
	運動	2
	魚釣り・虫捕り等	2
	癒し・精神的落着き	1
	創作的活動	2
	イベント参加	2
	その他	15

（注）回答者は中川運河を一番利用している運河近隣住民50人。利用エリアは複数回答可。

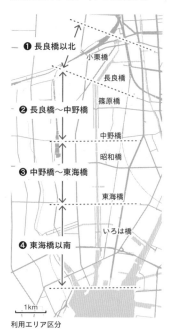

利用エリア区分

Q14 あなたは、次の河川・運河等の景観をどのように感じますか。各感覚について、あてはまるところを選択してください。
【必須】
各感覚について写真を見直しながら、率直な感想をご回答ください。
（それぞれひとつだけ）

A	1.非常にAに近い	2.かなりAに近い	3.ややAに近い	4.どちらでもない	5.ややBに近い	6.かなりBに近い	7.非常にBに近い	B
A-1. 快適な	○	○	○	○	○	○	○	B-1. 不快な
A-2. 平面的な	○	○	○	○	○	○	○	B-2. 立体的な
A-3. 開放的な	○	○	○	○	○	○	○	B-3. 閉鎖的な
A-4. ごみごみした	○	○	○	○	○	○	○	B-4. すっきりした
A-5. 自然な	○	○	○	○	○	○	○	B-5. 人工的な
A-6. 活気がある	○	○	○	○	○	○	○	B-6. さびしい
A-7. 規則的な	○	○	○	○	○	○	○	B-7. 不規則的な
A-8. うつくしい	○	○	○	○	○	○	○	B-8. みにくい
A-9. 緑が多い	○	○	○	○	○	○	○	B-9. 緑が少ない
A-10. 緑がうつくしい	○	○	○	○	○	○	○	B-10. 緑がみにくい

次へ

図5　SD法による景観評価を目的とするWebアンケート画面
（本調査で実際に使った画面の例）

主成分の変数値に相当する主成分得点にクラスター分析を適用したところ、11の写真が4つの景観タイプに整理された(図6)。SD評価値の平均値および景観要素の構成比をみると、各景観タイプの特徴が数値的に理解できる(表2／表3)。

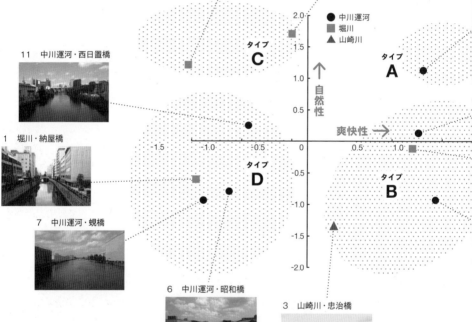

図6　SD法による運河景観のタイプ分けと
SD評価の主成分得点でみる調査地点の景観の特徴

表2　各景観タイプにおけるSD評価値の平均値

景観タイプ	快適性	立体性	開放性	明快性	自然性	活気度	規則性	美しさ	緑量感	緑の美しさ
A	4.6	4.1	4.6	4.3	4.9	3.8	3.9	4.4	5.1	4.6
B	4.0	4.1	4.1	4.1	3.9	3.5	3.9	3.8	4.3	3.8
C	3.6	4.7	3.4	3.4	4.3	3.4	3.4	3.5	4.9	3.8
D	3.7	4.1	3.6	3.9	2.9	3.5	4.0	3.4	3.0	3.2

(注) 各項目は図5中のA-1～A-10と対応し、1～7の値をとる。

10 中川運河・玉川橋

タイプ A バランス型

10　中川運河・玉川橋

本調査で最も評価が高かった景観。周辺の建物が少なく、運河の幅が比較的広いため、景観要素の構成比からみると、水面・空・植物を合計した割合が全タイプのなかで最も高い。

9 中川運河・篠原橋

タイプ B 水面・空型

5　中川運河・いろは橋

いずれの項目も中間的な評価だった景観。景観要素では、空の占める比率が全タイプのなかで最も高い。水面、植物、建物の割合は中位である。

4 堀川・御陵橋

タイプ C 緑優占型

8　堀川・中橋

立体性の評価が最も高く、快適性、開放性、明快性、活気度、規則性の評価が最も低い景観。景観要素としては、植物の割合が大きく、水面・空の比率が最も小さい。

5 中川運河・いろは橋

タイプ D 建物優占型

7　中川運河・蜆橋

規則性の評価が最も高く、自然性、美しさ、緑量感、緑の美しさで最も評価が低い景観。景観要素の中では、建物が大きな割合を占め、植物の比率は小さい。

表3　各景観タイプにおける景観要素の構成比（%）

景観タイプ	水面	空	植物	建物	水面＋空＋植物	水面＋空	水面＋植物
A	47.9	23.3	24.6	2.1	95.8	71.2	72.6
B	31.5	24.0	28.6	15.2	84.1	55.5	60.1
C	28.3	10.1	46.3	14.2	84.8	38.4	74.6
D	35.7	21.6	12.7	29.9	70.0	57.3	48.4

2　緑の調査

中川運河沿い護岸付近の敷地計105箇所を対象として、2014年5〜8月、緑に関する3種類の調査を行った。

① 植生調査：船上から護岸に近づき、樹種、樹高、生長位置等を詳細にプロット（49箇所*）。
② 聞取り調査：護岸地および付近の植生管理に関して事業者に聞取り（27箇所）。
③ 写真調査：船上から護岸方向を撮影し、空間構造を把握（47箇所）。

＊自然生えの樹木で形成されているとみられる群落から、とくにまとまりがみられる49箇所を抽出して、船上からの植生調査を行った。船を護岸際50cm〜数mまで寄せ、8倍の双眼鏡を用いて記録した。樹高50cm以上4m未満を低木層、4m以上8m未満を亜高木層、8m以上を高木層とし、各階層別の樹種、樹高、生長位置（倉庫との相対的な位置）を記録した。加えて、高木層の樹木については樹冠幅を記録した。

緑の調査で活躍した「さちかぜ」（名古屋港管理組合）

2-1 緑の管理、緑へのかかわり

倉庫敷地で操業する事業者への聞取りにより、護岸地の緑へのかかわり方を明らかにした。

A 大きくなる自然生えの緑

建物が水際まで建つ狭小な護岸地で、放置された自然生えの樹木が巨大化してゆく。

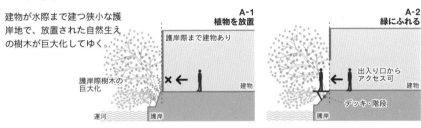

B 一体化した自然生えと植栽

護岸や建物の状況が変わりアクセスしやすくなった護岸地で、植物に対する管理が一定程度行われる。

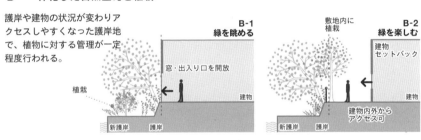

C 造られた緑の空間

宅地の庭、市街地の公園、休憩施設のように、人の利用を前提とする緑地が整備されることもある。

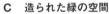

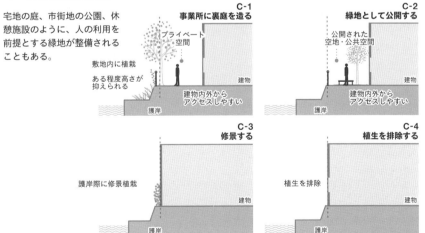

第Ⅳ部 空間コードを発見する技

2-2 中川運河の樹木

中川運河の樹木群落は、近隣数百メートル以内に存在する樹木の種子が鳥や風に運ばれることで形成されたのではないか。そうした仮定のもと、樹木の多い公園・社寺など、運河から500m以内の近隣調査地22箇所を設定して、樹木調査を行った。また、この地域の自然林を代表する熱田神宮および断夫山古墳の樹木と比較することで、中川運河の樹木群落に関する自然性の把握を試みた。

A 中川運河のみに出現する種

樹種	中川運河	外来種等
イチジク	○	▲
コノテガシワ	○	▲
シダレヤナギ	○	
ナシ	○	
ミズキ	○	
ムクゲ	○	▲
ユキヤナギ	○	
レンギョウ	○	
イボタノキ	●	
ガマズミ	●	
スイカズラ	●	
ノブドウ	●	
マユミ	●	
ヤマグワ	●	
ヤマハギ	●	
ユスラウメ	●	▲
項目別種数	16	

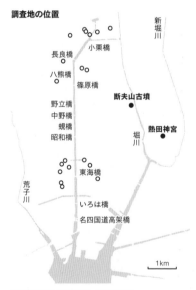

調査地の位置

● 地域自然林（熱田神宮、断夫山古墳）
○ 近隣調査地22箇所（社寺7、公園7、小学校・保育園4、集合住宅や大型ショッピングモールの公開空地4、街路樹を含む）

樹木一覧表の見方 グレーの陰影は常緑樹、陰影なしは落葉樹を示す。中川運河の調査は運河全域を対象とした。「公園等」には、小学校・保育園、公開空地を含む。表中の記号の意味は下記のとおり。
● 自然生えで存在　　○ 植栽として存在　　□ 国内外来種
▲ 外来種　　■ 要注意外来種　　▷ 栽培種

B 中川運河／地域自然林／近隣調査地に共通して出現する種

樹種	中川運河	社寺林	公園等	街路樹	熱田神宮	断夫山古墳	外来種等
ウバメガシ	○	○	○				
ウメ類	○	○					▲
カイヅカイブキ	○	○	○	○			▷
カキノキ	○						
サクラ類	○	○	○		○		
サツキ	○	●	○				
サルスベリ	○	○					▲
ヒノキ	○	○					□
ビワ	○	○	○				
ミカン類	○	○					
モモ	○						▲
サザンカ	○	○	○		○		
アオギリ	●				●	●	
アカメガシワ	●				●		
アキニレ	●		○				
イヌマキ	●	○	○				
エノキ	●	●			●		
キヅタ	●						
キンモクセイ	●	○	○				▲
クスノキ	●	○	○		●	●	
クロガネモチ	●	○			●	●	
クロマツ	●	●			●		
ケヤキ	●	○			●		
サンゴジュ	●	○	○				
シュロ	●	●	●				

樹種	中川運河	社寺林	公園等	街路樹	熱田神宮	断夫山古墳	外来種等
ナワシログミ	●				●		
ナンテン	●	○	○		●		
ネズミモチ	●	●	○		●		
ハゼノキ	●				●	●	
マサキ	●		○		●		
マテバシイ	●	○	○	○	●		
マンリョウ	●				●		
ムクノキ	●	●		○			
ムラサキシキブ	●				●		
モチノキ	●				●		
ヤツデ	●		○		●		
ヤブツバキ (ツバキ類)	●	○	○		●		
アケビ	●			○			
アカマツ	●			○			
シャリンバイ	●		○	○			
シンジュ	●		○				▲
センダン	●		○				
タチバナモドキ	●	●					▲
トウカエデ	●		○	○			▲
トウジュロ	●						▲
トウネズミモチ	●		○				■
トベラ	●		○				
ナンキンハゼ	●	●	○	○			▲
ノイバラ	●						
モッコク	●	●					
項目別種数	50	25	40	7	26	13	

樹種	中川運河	社寺林	公園等	街路樹	熱田神宮	断夫山古墳	外来種等
シラカシ		○			●	●	
シロダモ					●	●	
スギ	○				●	●	□
スダジイ・ツブラジイ	●		○		●	●	
センリョウ					●	●	
タブノキ		●			●	●	
チャノキ					●	●	
ツルグミ					●	●	
テイカカズラ					●	●	
ハマヒサカキ		○	○		●		
ヒサカキ					●	●	
ホソバイヌビワ					●	●	
ホルトノキ					●		
ヤブコウジ					●	●	
ヤブニッケイ	●				●	●	
ヤマモミジ					●		
アジサイ		○	○				
イヌツゲ		○	○				
カナメモチ		○	○	○			
キョウチクトウ			○	○			▲
クチナシ			○	○			
ゲッケイジュ			○				▲
コナラ	●	○					
コブシ			○				
サンシュユ			○				
シマトネリコ			○				□
ジンチョウゲ		○	○				▲
タイサンボク			○				▲
タラヨウ					●		
ツルコウジ	●						
ドウダンツツジ			○				
ナラガシワ			○				
ニシキギ			○				
ニワトコ			○				
ハナゾノツクバネウツギ			○	○			▲
ハナミズキ				○			
ヒイラギ			○				
ヒイラギナンテン			○				
ヒイラギモチ			○				
ヒマラヤスギ		○	○				▲
ヒラドツツジ			○				
フジ			○				
ホソバヒイラギナンテン			○				▲
マメツゲ		○	○				▶
モミジバスズカケノキ			○				
モミジバフウ			○				
ヤマブキ			○				
ヤマモモ			○				
項目別種数	0	22	40	6	33	14	

C 地域自然林／近隣調査地のみに出現する種

樹種	中川運河	社寺林	公園等	街路樹	熱田神宮	断夫山古墳	外来種等
イチョウ	○	○	○	○			▲
ニセアカシア				○			■
ヒイラギモクセイ				○			
アオキ		●	○		●		
アベマキ					●		
アラカシ			○		●	●	
イスノキ			○			●	
イタビカズラ					●		
イヌビワ					●		
イロハモミジ		○	○		●		
オガタマノキ					●		
カクレミノ				○	●		
カゴノキ					●		
ギンモクセイ				○	●		▲
サカキ		●		○	●		
サネカズラ					●		
シャシャンボ				●	●	●	
総種数	66	47	80	13	59	27	

2-3 植物群落の特徴

倉庫前に自然生えで成長した群落を船から調査し、優占種別に特徴を整理した。

クスノキが優占する群落
高木層はクスノキ、亜高木層はナンキンハゼ、クロガネモチ、低木層はタチバナモドキ、ノイバラで構成される。写真の場所では、中川運河沿いでは珍しく、セイヨウハコヤナギ（ポプラ）が高く生長している。林床には、モチノキやマンリョウなどの常緑樹の実生（みしょう）が見られ、常緑樹林としての階層構造ができつつある。

エノキが優占する群落
中川運河で観察された鳥類の種から考えると、エノキは、種子の散布頻度が高いと考えられる。写真のように、枝を大きく広げた樹勢の旺盛な個体が多く見られる。エノキの大きな単木の下に、アカメガシワ、ナンキンハゼ、ムクノキ、エノキ、クスノキなど多様な樹種の幼木が生えている。

ムクノキが優占する群落
クスノキ、エノキとともに、中川運河沿いで存在感を示している樹種の一つである。大きく育つ個体が多い。水面側に著しく枝を伸長している。エノキの群落と同様に、大きな単木の下に、アカメガシワ、ナンキンハゼ、ムクノキ、エノキ、クスノキなど多様な樹種の幼木が生えている。

アカメガシワが優占する群落
アカメガシワは、いわゆるパイオニアプランツ（先駆植物）である。乾燥した土地でもよく育つため、護岸造成後の裸地に群落を形成することが珍しくない。アカメガシワの樹冠下は、適度な被陰により湿度が保たれるためか、しばしば、次の優占種と目されるムクノキ、エノキの幼木が見られる。初期状態の群落と言えそうだ。

トウネズミモチが優占する群落
トウネズミモチは、群をなした状態で見出されることが多い。写真は典型的なケースで、亜高木層を形成している樹木は、ほぼすべてトウネズミモチである。密に鬱蒼と生えているため、樹冠下で他種が生長しない、トウネズミモチの純林になっている。

シンジュが優占する群落
中川運河北部の護岸幅が狭い場所では、しばしばシンジュが優占している。狭小な土地に地下茎を張り巡らすことで優占状態をつくっていると考えられる。写真のように、列をなして高く生長した個体も多く見られる。

第Ⅳ部　空間コードを発見する技

2-4 植物群落の形成

倉庫と運河の間や張り出し護岸上には、約20m²から300m²の乾燥気味の空地がある。この空地では、倉庫の屋根に休憩に来た鳥や吹き込む風が植物の種子を散布することから、植物群落の発生が始まる。護岸沿いでの群落の調査と併せて、近隣の自然林・社寺林等を調べた結果、中川運河における群落の遷移過程について、多くの発見が得られた。

中川運河では、自然林の郷土種や植栽された種など、多様な植物の種子が散布されている。およそ300m以内の近隣の公園、社寺、街路樹、庭木などからのものであろう。群落は、初期に散布された植物の影響を受けて特定の種が優占するものから、雑多な種により形成されるものまで多様である。

現在の中川運河にみられる群落の多くは、10年生から30年生程度と考えられる。典型的なタイプとしては、❶日当たりの良い乾燥地でも生長可能なアカメガシワ、ナンキンハゼ、シンジュなど、パイオニアプランツ（先駆植物）がつくる群落、❷エノキ・ムクノキが優占する群落、❸初期段階のクスノキ群落などが見出された。これら3タイプは、中川運河における群落の遷移段階を代表する群落と言えそうだ。

● 中川運河における群落の遷移過程

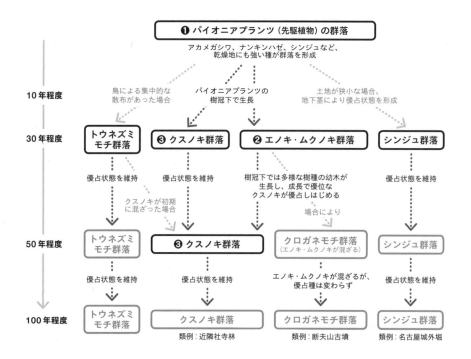

● 中川運河沿いの群落の実例

（注）優占種にドットを施した。図中の破線は5m幅の正方形を表す。描画に際しては、下のルールを設定した。
［胸高直径］高木25cm、亜高木10cm、低木3cm ［枝下高］樹高×0.3m ［樹冠幅］樹高×0.3m

❶ アカメガシワが優占する群落

放置されてから10年以内程度ではないかと推察される。低木層および幼木には、次の優占種となりうるエノキが多いが、トウネズミモチも生長している。この群落では、将来、群落の高木層・亜高木層をこの2種で占めることも考えられる。

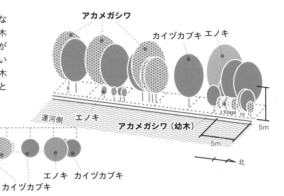

❷ ムクノキが優占する群落

主な高木種は、落葉広葉樹のムクノキである。林床に日が差し込むため、低木層および幼木には比較的多様な種がみられる。ムクノキの優占状態が数十年続いた後は、次の優占種であるクスノキが優位になりそうである。

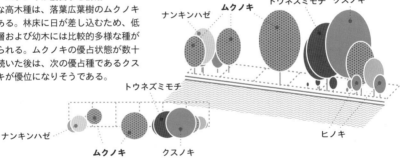

❸ クスノキが優占する群落

クスノキの樹冠下は暗いため、トウネズミモチ、マサキ、タチバナモドキなどの陰樹のみが生長する。日の当たる場所では、アカメガシワ、ノイバラなどが生長する。クスノキが圧倒的な優占状態に至る途上の段階と考えられる。

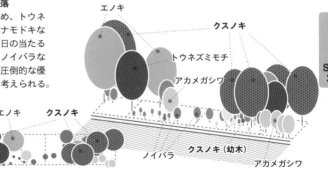

2-5 緑被変化の可視化

GIS（地理情報システム）を使って、中川運河沿いと周辺市街地の緑被変化を可視化した。

2-6　緑の特徴的なカタチ

運河沿いの緑について、護岸・建物との関係に注目して生え方の特徴を探ってみた。

建物脇で槍を持つ「片生え一本立ち」

建物脇の両側をおさえる「門構え」

建物の壁を蔦が覆う「鎧生え」

一斉に飛び込みの姿勢をとる「群生え張出し」

さまざまな生え方が混在する「混ぜ生え」

その一歩手前の「半混ぜ生え」

人工物と一体化した「絡み生え」

建物だけがなくなった「名残木」

3　中川運河の鳥

種を運ぶ鳥

　鳥は、樹木や屋根の縁に止まっているとき、あるいは飛び立つ際に糞をすることが多い。落とされた糞に含まれている種子から、運河沿いの樹木の多くが育っているのではないか。そうした想定のもと、2013年11〜12月の4回にわたって中川運河の鳥を調べてみた(表)。

　確認できた鳥のうち種子散布に貢献するのは、カラス類、ヒヨドリ、ツグミ、ムクドリ、メジロである。ただし、丸飲みできる果実は口角幅によって制限される。渡りをする鳥の場合は、滞在時期と果実の熟期が合わなければ、散布に貢献しない。低木種の種子散布では、ジョウビタキやウグイスが活躍する。下見の際にはシロハラも確認できた。

　ハト類も果実を丸飲みするが、砂嚢で種子をすり潰してしまう。またシメは、太い嘴で種皮を割って食べるので、種子散布にはほとんど貢献しない。こうしてみると、中川運河に運ばれてきて、無事に発芽する種子は、いくつもの難関をくぐり抜けてきた「幸運児」と言えそうだ。

漁をする鳥

　中川運河の鳥といえば、大挙して来る黒いカワウの集団を思い浮かべる人が多いのではないか。集団で潜水し、追い込み漁をする様子は壮観というほかない。カモメ類も魚食性である。中川運河では嘴と脚の赤いユリカモメが多いが、ウミネコ、カモメなども観察できた。

　サギ類は、浅瀬を歩いて魚を捕食するが、運河の岸は垂直で、水深がいきなり深くなる。そのため中川運河では、主に、脚の長い大型のアオサギやダイサギが見られる。潜水して小魚や甲殻類を捕食するカイツブリの姿も見かける。カモ類のホシハジロとスズガモは、運河をもっぱら休息地として使い、主として夜間に海まで出て漁をしていると考えられる。

　もっとも、これら水鳥は果実を食べないので、カワウやサギ類が建物上に止まることはあるが、種子散布には関係しない。ただしユリカモメは、クスノキの実を食べ、種子散布に貢献することがある。

表　晩秋・初冬の中川運河の鳥

陸鳥	オオタカ	冬鳥	肉食
	チョウゲンボウ	留鳥	肉食
	キジバト	留鳥	種子食
	ドバト	留鳥	種子食
	ハクセキレイ	留鳥	昆虫食
	セグロセキレイ	留鳥	昆虫食
	ヒヨドリ	留鳥	雑食
	モズ	留鳥	肉食
	ジョウビタキ	冬鳥	雑食
	ツグミ	冬鳥	雑食
	ウグイス	冬鳥	雑食
	アオジ	冬鳥	雑食
	カワラヒワ	留鳥	種子食
	シメ	冬鳥	種子食
	スズメ	留鳥	雑食
	ムクドリ	留鳥	雑食
	ハシボソガラス	留鳥	雑食
	ハシブトガラス	留鳥	雑食
水鳥	カイツブリ	留鳥	魚食
	カワウ	留鳥	魚食
	ダイサギ	留鳥	魚食
	アオサギ	留鳥	魚食
	カルガモ	留鳥	植物食
	ホシハジロ	冬鳥	雑食
	スズガモ	冬鳥	雑食
	オオバン	冬鳥	植物食
	ユリカモメ	冬鳥	魚食
	カモメ	冬鳥	魚食
	ウミネコ	冬鳥	魚食

2013年11〜12月に4地点(長良橋北、八熊橋南、中野橋南、蜆橋南)で鳥類相調査を行った。各地点における1回の調査は10分間で、午前と午後に各4回実施した。調査には8倍の双眼鏡を用い、橋間の水面上から両岸に面した建物上までの範囲に現れた(上空通過を含める)鳥類の種名・個体数を記録した。目視に加え、声でも記録した。表中では、種子散布に貢献する種をグレーの地色で強調している。

3-1 漁をする水鳥

中川運河の鳥で存在感が大きいのは水鳥であるが、一部の例外を除いて果実は食べない。

カワウ

カモメ（冬鳥）

ユリカモメ（冬鳥）

ダイサギ／アオサギ

カイツブリ

ホシハジロ（冬鳥）

● 中川運河の風散布の樹木

シンジュ（ニワウルシ、神樹）
果実長さ：4〜5cm
種子長さ：5mm
花・果実時期：6〜7／9〜10月

アキニレ（秋楡）
果実長さ：1.5〜2.0cm
種子長さ：10mm
花・果実時期：9／10〜11月

トウカエデ（唐楓）
分果2個の翼果
果実長さ：2.0〜2.5cm
花・果実時期：4〜5／9〜11月

3-2 種子を運ぶ鳥

中川運河には、多くの鳥が種子を運んできている。樹高約8m以上の高木に生長している樹木から、個体数の多いものを選んで、種子を散布する鳥との関係を整理してみた。

高木種の種子散布に貢献する鳥

カラス類

ハシブトガラス
体長：約57cm
口角幅：28.9mm

ハシボソガラス
体長：約50cm
口角幅：24.9mm

ヒヨドリ
体長：約27cm
口角幅：14.0mm

ツグミ
体長：約24cm
口角幅：11.5mm

ムクドリ
体長：約24cm
口角幅：10.3mm

メジロ
体長：約12cm
口角幅：5.3mm

高木種の種子を食べるその他の鳥
種子食なので種子散布に貢献しない

ハト類

ドバト
体長：約34cm
口角幅：10.4mm

キジバト
体長：約35cm
口角幅：9.9mm

シメ
体長：約18cm
口角幅：14.8mm

低木種の種子散布に貢献する鳥

シロハラ
体長：約25cm
口角幅：12.0mm

ジョウビタキ
体長：約15.5cm
口角幅：8.2mm

ウグイス
体長：約16cm
口角幅：6.3mm

(注) 鳥の体長、口角幅、樹木の果実サイズは、平均的な値を示した。口角幅は下記①、ウグイスのみ②による。
① Yoshikawa T. / Isagi Y. (2012) Dietary breadth of frugivorous birds in relation to their feeding strategies in the lowland forests of central Honshu, Oikos, 121, pp.1041–1052.　②金子尚樹ほか「新潟市の海岸林における鳥類による秋季の果実利用」『日本鳥学会誌』61、100〜111頁、2012年。

高木種の樹木と種子

センダン（栴檀）

果実サイズ：15〜20mm
果実色：黄褐色・光沢なし
花／果実時期：5〜6／10〜11月

メジロ以外の鳥が種子を運ぶ

ムクノキ（椋木）

果実サイズ：7〜12mm
果実色：紫黒色・光沢なし
花／果実時期：4〜5／10〜11月

メジロ以外の鳥が種子を運ぶ

クスノキ（楠木）

果実サイズ：8mm
果実色：黒紫色・強光沢あり
花／果実時期：5〜6／10〜11月

すべての鳥が種子を運ぶ

アカメガシワ（赤芽柏）

果実サイズ：8mm
果実色：褐色・弱光沢あり
花／果実時期：6〜7／9〜10月

ツグミ以外の鳥が種子を運ぶ

ナンキンハゼ（南京櫨）

果実サイズ：15mm
（裂開し7mmの種子が3個出る）
果実色：黒色・弱光沢あり
花／果実時期：6〜7／10〜11月

すべての鳥が種子を運ぶ

エノキ（榎木）

果実サイズ：6mm
果実色：橙褐色・光沢なし
花／果実時期：4〜5／9〜10月

すべての鳥が種子を運ぶ

トウネズミモチ（唐鼠黐）

果実サイズ：5〜6mm
果実色：黒灰色・光沢なし
花／果実時期：6〜7／10〜12月

すべての鳥が種子を運ぶ

「循環」〜見えない物語を描く〜
近藤美和

「循環」〜見えない物語を描く〜

近藤美和

　中川運河は人の手によって運河に変えられながら、時代の趨勢のなかでその機能はほとんど失われてしまいました。現在は堀川とも海とも閘門によって閉じられ、水の循環は滞っています。そのような運河に対して、社会からも自然からも置き去りにされたような静けさを感じていました。しかし、運河を遊覧したときに、護岸や倉庫を覆い尽くす木々の緑、カワウの群れ、飛び跳ねるボラなどを目の当たりにし、運河が何十年という時間をかけて別のかたちで生きている印象を受け、水上から眺める景色にはある種の神聖さを感じました。

　ところで、日本の文化には「草木国土悉皆成仏」（あらゆるものに仏性が宿る）という思想が根づいています。百年を超えて存在するものは「付喪神（つくもがみ）」になるという信仰や、あるいは役目を終えた道具を供養する習慣もあります。そこで、完成から長い年月を経て、すでに役目を終えた中川運河にも精霊の気配を感じ取り、「見える物語（現在の様子）」と「見えない物語（過去の様子、由来、言い伝え）」をテーマに作品を制作しました。いつの日か、水の循環が戻ることを願い、円形の構図にしました。また、中川運河の特徴でもある「鏡像」にすることで、現在と過去の中川運河が対となって存在するように表現しました。

　「見える物語」（円冠の上半分）には、現在目にすることのできるものを描きました。
- 松重閘門および水位計
- 河岸の倉庫群、クレーン
- アオサギ、カワウ、ムクドリ、カメ類、ボラなどの生物
- シンジュ、ナンキンハゼ、センダンなどの植物

　「見えない物語」（円冠の下半分）には、過去の様子、由来、言い伝えを描きました。
- 笈瀬川（伊勢神宮の領地があり、以前は御伊勢川と呼ばれていた）
- 須佐之男命や天照大神をまつる社
- 河童伝説
- 名古屋城の石垣の材料を運び、加工していたこと
- 運河輸送の最盛期には、陶磁器が主な出荷物品だったこと
- 松重閘門を鳥居に、運河を参道に、海をお宮に見立てる

　私はふだん、植物や動物をモチーフにすることが多いのですが、建築という人の手でつくられたものを描くこともあります。その際にテーマとしていることは、モノに命を感じ表現するということです。中川運河についても人工的な建造物と自然とを区別するのではなく、全体として有機的なものとしてとらえ、それをとりまく歴史の重なりや当時の人々の息吹を、中川運河の生命力として感じています。

　　　近藤さんの作品にふれて思った。景色が美しいとか、乱れているとか評する前に、風景から聞こえてくる語りのなかに身をおいてみたい。水と土、壁と緑、魚と鳥、起重機と空気……それらすべてに通う関係を仕掛けたのは、いったい何者なのだろう。　（竹中克行）

SP3

運河景観の
定点観測

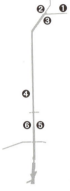

主な観測地点
写真キャプションの
丸数字と対応する。

中川運河は表情豊かだ。水流の欠如がかえって水面の千変万化を生む。水面は風の吹くまま、日の当たるままに色を変え、ひとたび空気が静まれば、無限の奥行きに変わる。風雨に長年晒された土木構造物は、肌理が粗く、それゆえに自然物と微妙に絡み合う。色彩と形状が限定された倉庫建築は、植物や空地と相まって、えもいわれぬリズムを生み出す。そういう中川運河の景観を、カメラと環境計測の道具を片手に、1年間かけてじっくり定点観測した。

1 　中川運河の水面

1-1 　水面に現れる鏡像

❷　小栗橋北西
左　2014年8月23日17:30／シャッター速度125／絞り4.5／風0ｍ／温度26.6度／湿度73％／照度1200lx
右　2014年8月2日14:20／シャッター速度250／絞り6.3／風速1.5-2.5ｍ／温度30.0度／湿度58％／照度14,100lx

小栗橋南東角（❸の近く）
左　8月23日17:43／シャッター速度1/60／絞り4.6／風0ｍ／温度26.6度／湿度73％／照度310lx
右　2015年1月12日15:10／シャッター速度1/320／絞り9.0／北風5-10ｍ／温度9.2度／湿度41％／照度20,000lx+

(注）水面写真の撮影日時と場所は、上から順に、2014/5/25 南北橋南、2014/8/7 昭和橋北、2013/5/12 猿子橋南、2013/4/28 長良橋北、2014/8/7 東海橋南、2014/7/25 東海橋南。左ページにおける 20,000 lx+ という照度表示は、2万ルクス以上の照度があったことを意味する（以下同様）。

1-2　変わりゆく水面の表情

1-3 ある日の中川運河
空気の変化を映す水面

2014年8月23日
この日はほぼ無風だったので、左下の❹では、空模様まで映るくっきりとした鏡像が生じている。しかし、❶と❸の撮影時には小雨が降り、鏡像は大きく損なわれた。❸については、ほんの数分前、雨が降りはじめる寸前に撮影した158頁左下の写真と比較されたい。

❶ 松重閘門西
17:58／シャッター速度60／絞り3.5／風0m／温度26.5度／湿度76%／照度75 lx

❸ 小栗橋南東
17:46／シャッター速度60／絞り3.5／風0m／温度26.6度／湿度73%／照度1,200 lx

❹ 昭和橋北西
16:20／シャッター速度320／絞り7.1／風0m／温度26.4度／湿度77%／照度13,800 lx

❺ 東海橋南東
17:03／シャッター速度250／絞り6.3／風0m／温度26.8度／湿度74%／照度3,300 lx

● 水の透明度で変わる景観

❶ 松重閘門西――透明度が大きく異なる2時点の比較

左　2014年7月25日13:05／シャッター速度250／絞り6.3／西風1-3m／温度41.8度／湿度30%／照度20,000 lx+／透明度60cm

右　2014年10月11日16:57／シャッター速度80／絞り4.0／南風0-5m／温度24.2度／湿度59%／照度770 lx／透明度120cm以上（セッキー板が河床に着いて測定できず）

（注）透明度は、セッキー板（直径30cmの白色アクリル板）を沈めたときに、存在が識別できなくなる深さ。

2014年10月11日
定点観測地点のうち、鏡像が最も出やすいのは東支線の❶である。反対に、海からの風を受けやすい本線、とくに港に近い❻東海橋では鏡像が得られにくい。左頁の8月23日は無風状態だったが、水面近くを流れる風に影響されるためか、❻東海橋では鮮明な鏡像は見られなかった。

❶　松重閘門西
16:57／シャッター速度80／絞り4.0／南風0-5m／温度24.2度／湿度59％／照度770 lx

❸　小栗橋南東
16:42／シャッター速度200／絞り5.6／南風0-5m／温度25.5度／湿度56％／照度3,670 lx

❹　昭和橋北西
15:45／シャッター速度320／絞り8.0／南西風1.5-2m／温度26.2度／湿度47％／照度10,600 lx

❻　東海橋南西
15:25／シャッター速度400／絞り8.0／南風3-5m／温度25.1度／湿度51％／照度20,000 lx+

● 季節とともに変わる景観

小栗橋＝長良橋間の西岸から東岸の旭硝子社屋付近を撮影した（左：2013年2月2日13:42、右：同年4月28日18:03）。落葉樹のエノキ、ムクノキ、センダン、アカメガシワが春になると葉をつけ、運河の緑が一気に深まってゆく様子がわかる。季節変化とは直接の関係はないが、鏡像の有無にも注目してほしい。

第IV部　空間コードを発見する技

1-4 中川運河に吹く風と鏡像

●風向
　　　北風
西風 ← ↑ → 東風
　　　↓
　　　南風

●風速
0〜1.5m　1.5〜3.5m　3.5m〜
　→　　　　➔　　　　➡

(注) 写真は東支線の北岸から南を見て撮影した。各写真右下の矢印が風向および風速を示し、無印は無風状態を意味する。

観測地点が無風であっても、水面に波が立ち、鏡像が得られないこともある。その一方で、運河と直交する向きの風(観測地点❶の場合、南北方向の風)は建物で遮られるため、水面を乱しにくい。概括的には、運河幅が大きく、海風の影響を受ける本線よりも、狭い水路の両側に建物が密集する支線の方が、多少の風が吹いても鏡像が出やすいと言える。季節と鏡像には直接の関係は認められなかった。しかし、冬季の方が水の透明度の高い日が多いため、銀板のようにくっきりとした鏡像が得られる。

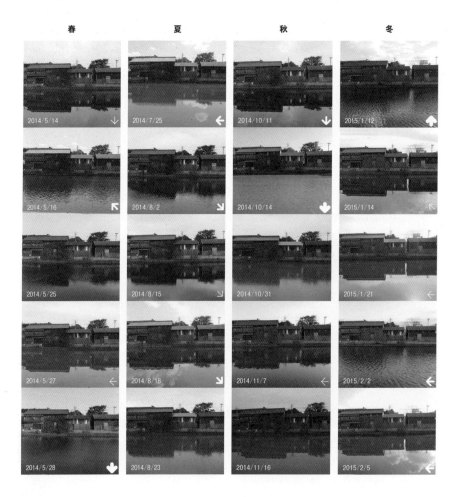

2　中川運河のマテリアル

中川運河では、自然物と人工物が渾然一体となっている。人工的な素材も、錆び、ひび割れ、ゆがむことで、その表情を変えてゆく。

鉄—倉庫扉

木材—事業者備品

石・鉄—小栗橋親柱

塗料—事業所外壁

コンクリート—中川口閘門内壁

スレート—倉庫外壁

石—人造石に埋め込まれた自然石

3   中川運河の色彩

基本パターン

晴天時に撮影した中川運河本線の写真を原データとして、解像度を100pxl×75pxlに落とした後、Adobe Photoshopのインデックスカラー変換機能によって10色の代表色に変換した。空と水が大きな割合を占め、護岸や建物はグレーや茶系の控えめな色調が中心となっている。

特殊パターン

支線は運河幅が狭く、橋間の距離も短いため、両岸・後背地にある人工物の影響が相対的に強くなる。

落葉樹が葉を落とす冬季の悪天候時は、ほとんどモノクロの景観と化す場所もある。

シンプルな色構成

ベースカラー		アクセントカラー		
空	護岸1	植物	外壁1	外壁2
護岸2	水	外壁3	錆1	錆2

各画像について、代表5色に白・黒を加えた7色となるよう、Adobe Photoshopのインデックスカラー機能で変換した。3画像から得られた計10色(白・黒を除く)は、連続的に現れるベースカラーと時折挿入されるアクセントカラーに分かれる。左が元画像、右が変換後の画像。色構成がシンプルな景観ゆえに、色数を限定しても印象が大きく崩れない。

● 積層する色

倉庫扉(小栗橋南西)

敷地境界塀(小栗橋北東)

壁の落書き(小栗橋北西ポケットパーク)

倉庫扉(東海橋南東)

4 　護岸と建築のタイポロジー

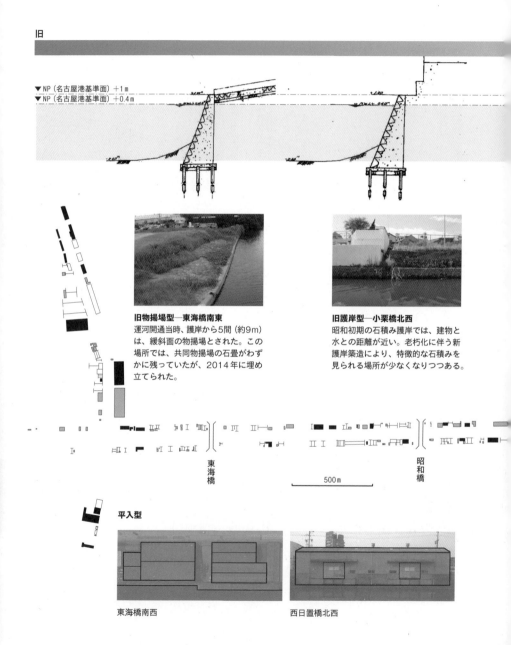

旧

▼NP（名古屋港基準面）+1m
▼NP（名古屋港基準面）+0.4m

旧物揚場型—東海橋南東
運河開通当時、護岸から5間（約9m）は、緩斜面の物揚場とされた。この場所では、共同物揚場の石畳がわずかに残っていたが、2014年に埋め立てられた。

旧護岸型—小栗橋北西
昭和初期の石積み護岸では、建物と水との距離が近い。老朽化に伴う新護岸築造により、特徴的な石積みを見られる場所が少なくなりつつある。

東海橋　　　　500m　　　　昭和橋

平入型

東海橋南西　　　　西日置橋北西

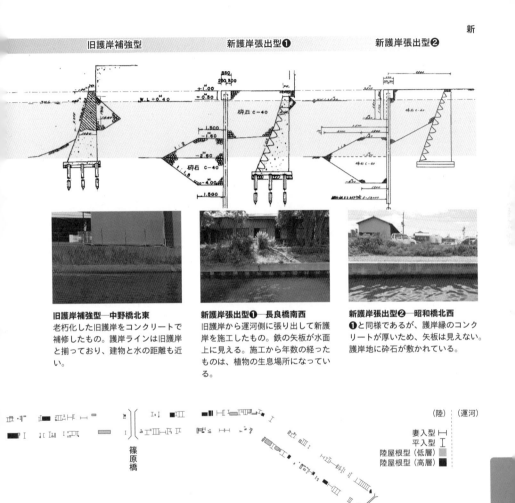

SP4
蘇る運河建築

1 Y字ゾーン 小栗橋の北、運河がY字形に分岐する場所にいます。現在、下水処理場が整備されている"Y"の内側には、建物が運河に向けて躍り出すように建っていました。その異世界的な外観が醸し出す雰囲気には、とてもインパクトがありました。運河沿いの敷地に奥行きがない場合には、建物が水面に張り出してくるということが往々にして起きます。しかし、水路が分岐する場所で、多くの建物がひしめき合いなが

「蘇る運河建築」を構成する4＋1個の作品群は、写真資料を駆使して、中川運河沿いに実在する場所の以前の姿をコンピューター上で再現したものです。これは、歴史資料が限られている中川運河だからこそ、大きな意味をもつ実験です。手掛りが少なく、想像力で補わざるをえないこともありました。しかし、根本にあったのは、「らしさ」を感じさせる景観復原に必要なものは何か、という問いです。その難しい判断を行うにあたって、クレメンスは、中川運河の空間コードを現場に立って読み解き、自らのうちで再構築しようと試みました。ですから、これらの作品は、過去の再現であるにとどまらず、人の眼差しを通した「中川運河らしい景観」の表現でもあります。

ら水面ギリギリまで迫るというのは、なかなか珍しい景観ではないでしょうか。倉庫ではなく工場だったこれらの建物からは、働く人々の息づかいもまた運河にあふれ出ています。

2 切妻の連続 昭和9年に建てられた岡谷鋼機の倉庫は、鉄骨造平屋建て、切妻屋根が連続する建物です。各切妻部分には大きな扉が運河に向かって開いており、運河から荷が運び込まれる様子がとてもよく想像できます。この開口部の扉には会社の屋号が描かれていたり、クレーンが取り付いていたりと、まさに「The 運河景観」。竣工時は白っぽかった外壁は、耐候性を高めるために黒く塗られ、右隣のコンクリート造の倉庫との対比が美しいです。

3　堀留倉庫　L字形に2棟建つ鉄筋コンクリート造3階建ての高層建物です。正面に建つのが昭和11年完成の東陽倉庫堀留1号倉庫、左側が昭和24年に増築された同社2号倉庫です。このような倉庫は、日の光や雨に晒せない穀物のように、安定した保存環境が求められる荷に使われます。そのため、外部仕上げも太陽の熱を少しでも遮れるよう、しばしば白など明るい塗装がされます。建物全体から伝わるイメージは質素な力強さ。そこにリズミカルで色彩鮮やかな窓や扉がちりばめられ、ポイント的にクレーンが取り付きま

す。2号倉庫建設に先立つ昭和22年には、1号倉庫脇に穀物をバラのままで艀から荷揚げするバケットコンベアが設置されました。力強さと小屋の華奢さの対比が面白い景観をつくっています。

4 東支線北岸 東支線は敷地の奥行きが小さいため、小ぶりで可愛らしい建物が多いです。開口を横に並べた低層の平入倉庫も目立ちます。右端が昭和38年に建てられた鉄筋コンクリート造2階建ての森石油の事務所ビル。建坪10坪弱の小さな建物ですが、中川運河では珍しく屋上があり、そこから松重閘門、名古屋駅、遠くは養老山地に沈む夕日などが見渡せます。東支線では運河開削当時の石積み護岸がほとんど残っており、大変貴重な景観要素の一つになっています。重量物である石炭は、水運によるメリットが大きい荷と

して運河のあちこちに野積み場がありました。左の平入倉庫では、スライドして開閉する開口部が、水陸を区切る門扉のように艀乗りたちを迎えていました。

4+1 道路側からの景観 　直前の見開きと同じ場所を道路側から見た景観です。運河沿いの敷地が狭い支線部を橋の上や船から見ると、両側の護岸上に細長く繋がる建物に挟まれるような感覚をおぼえます。反対に道路側からは、建物の隙間や開口越しに運河の水面や対岸の建物が垣間見え、それらが独特のリズムを刻みます。中川運河ではこのチラリズムが大きな特徴の一つで、見える場所すべてが異なった表情をもっています。

第V部

空間コードの応用

AP1 開かれたプロセスとしての空間コード
AP2 空間コードが提起する課題
AP3 空間コードから共創する未来

中川運河Y字ゾーン：2014年頃

AP1
開かれたプロセスとしての空間コード

1 空間コードの共同マネジメント

　分析編をなす第Ⅲ部には、3ブロックからなる計12の空間コードを収録した。ブロックごとにまとめた意図については、「ランドスケープ」「景観」「公共圏」をキーワードとして本書の冒頭で説明したが、12という数に深い意味があるわけではない。われわれ空間コード研究チームがこれまでに発見し、議論を積むことのできた空間コードを整理してみたら、12に落ち着いたということにすぎない。

　空間コードは、われわれが日々生きている都市空間をとらえ、それを固有の性格をもつ場所として存立させている関係性について記述したものである。現在に基準をおくわけだから、過去を理想化し、郷愁をかきたてるための道具ではない。しかし、各コードに関する記述の随所に表れるように、空間コードにはエヴォリューション、つまり時間を通じた進化の概念が織り込まれている。原型を過去に求めることで未来を構想するのではなく、変化の断面として現在をとらえるということである。もちろん、空間コードの記述に生起したすべての変化が盛り込まれることはない。都市のなかでは、場所としての性格を生み出し、顕在化させ、保持することに寄与する変化と、反対にそれを消し去る方向に作用する変化の両方が同時進行的に起きているからである。空間コードがとらえようとするのが前者であることは言うまでもない。

　空間コードが進化の概念を内包するということは、コードそれ自体も時が経てば変化する可能性があるということでもある。空間コードが焦点を当てる現在という断面は、時の経過とともに動いてゆくものであり、不動の博物学的な知識となることはけっしてない。もちろん、現在とそこに至るプロセスについても、われわれ自身が気づいていないことが多くあるだろう。空間コードは開かれたプロセスなのである。

　とすれば、空間コードを見つけ出し、分析し、記述するという行為が本書を執筆した研究チームの特権に属するものでないことは明らかである。実際、われわれ自身にとって空間コード研究は、地理学、建築、都市計画、造園学、コミュニケーションデザインといった各々の専門の垣根を越えて、未知の領域に踏み出すことを意味した。やや極端な言い方をすれば、メンバー全員に共通していたのは、中川運河という場所への関心と生のフィールドに飛び出し、そこから学ぶ姿勢くらいだったかもしれない。つまり、フィールドでの種探しが原点だったということである。「第Ⅳ部 空間コードを発見する技」には、われわれが採用した調査方法や生データの一部を収録し

た。植物群落の調査や写真技術による景観復原のように、専門的な知識・ノウハウを必要とするものも含まれているが、多くは、アマチュアでも工夫次第で実践可能なものである。本書は、空間コード発見のための読者への誘いでもある。

　空間コードは、中川運河のことを理解するための基盤知識であるが、検定教科書のように、知識に固い枠を嵌めるためのドキュメントではない。都市空間に姿かたちを与える文脈に対する人々の意識を喚起すると同時に、多くの主体の関与によって、そうした文脈を育てるためのコミュニケーションツール。それが空間コードが果たすべき重要な役割である。12の空間コードに盛り込まれている記述は、われわれ研究チームにとっての貴重な成果である。しかし、それにも増して重要なのは、多くの人が都市空間に織り込まれた「らしさ」に関心を向け、自らの実践と結びつけることによって、場所のシナジーとでも言うべき「らしさ」再生産の循環をつくり出すことである。

　前近代都市では、社会の共同性と結ばれた場所のシナジーが町並みのパターンやまとまりを生んでいた。しかし、現代を生きるわれわれは、もはや前近代社会の共同性を再現することはできない。ならばどうすればよいのか。

　新しい共同性の構築は、都市ガバナンスをめぐる近年の議論で核心をなす問題の一つである。市民社会の参画を重視する立場から、NPOやNGOなどの新しいアクターを含む実践が試みられていることは、周知のとおりである。そうしたなかで、中川運河を対象化する本書において強調すべきは、現代の市民社会を育てるための不可欠なプロセスとして、地域の内と外の間で発生するインタラクションを位置づけることである。これはもちろん、中川運河に限った話ではない。住民が意識していなかった「らしさ」が訪問者によって発見されるといったことは、すでに多くの地域が経験している。しかし、市民社会の実践場としてみた中川運河の面白さはそれにとどまらない。運河に最も近接する「住人」は事業者であり、その外側に通常の意味の住民が生活している。住民には、運河に縁のある人と特別な関係のない人の両方がいる。事業者にも、開削当初からの老舗とともに、水運衰退後に倉庫・工場を構えた第二世代の企業が多く含まれる。さらに近年は、アーティストを中心として、運河に新たな公共空間としての可能性を探る動きが出てきた。かつての共同性を基盤とするまとまり、共同機制は、共発性が牽引する創造性、すなわち共創へと読み替える必要がある。中川運河は、それを試みるための恰好の土俵と言えまいか。

　空間コードを出発点として未来の都市を共創するためには、何が必要か。具体的な制度・組織を提案するのは本書の目的ではないが、どういう条件を満たす仕掛けが必要かについては試論を提示しておきたい。以下では、空間コードの継続的なマネジメントを支える専門性と新しい発想を注入する参加を柱とする学習プロセス、そして、一定の鍛錬を経た空間コードを前提として、都市デザインの現実的な課題に関するアイデアへ翻訳する実践プロセスの大きく2つに分けて考えてみよう。どのような制度・組織を選択するにせよ、忘れてはならないのは、空間コードを多くの主体の視点によって発見しつづけ、議論を共有するための回路を見失うべきでないということである。

2 フィールドから種子を見つける

空間コードの発見は、時代とともに変化しつづける都市空間の文脈を読み取るプロセスである。現場で生の素材を集め、そこから空間コードの種子を見つける際には、多様な主体の参加による共同作業が大きな効果を発揮する。いくつかの実践例をもとに、参加型学習を土台とする空間コードのマネジメントの可能性について考えてみよう。

フィールドワークとワークショップ

対象エリアを訪れ、直接観察し、関係者への聞取り調査などを行うのが、フィールドワークの一般的な手法である。参加者は、特別な知識をもたない初心者から、土木・建築の構造を理解している技術者、特定の分野に精通した専門家まで、多様性に富んでいる方がよい。ワークショップでは、各人が見たこと、聞いたことを持ち寄る。誰しも、最初は曖昧なアイデアしかもっていないものだが、それを共有し、自由に議論することに意味がある。

ワークショップは、事業計画を評価・合意するための会議ではないので、多少の寄り道は惜しみたくない。ふだん仕事や生活の場を異にしている人たちが、対象エリアへの関心を共通の動機として集まり、議論することを通じて、互いに気づきを得る。結果として、既成概念にとらわれない発見や斬新なアイデアが導かれ、それらがコードの種子になることも少なくないだろう。

発見・共有からマネジメントへ

われわれ研究チームの実践を振り返ると、中川運河で発見した空間コードのなかには、既存研究の枠組みでは位置づけが難しく、ネーミングすら簡単でないものもあった。一つの例が運河沿いの植生群落の特性である。

図1　フィールドワークとワークショップ
A 空間コード研究チームによる準備段階のフィールドワーク（2013年4月）　**B** Limicoline Art Projectのアーティストトーク（2014年10月）　**C**「中川運河に似合う緑とは？」（中川運河デザインラボ／いまねっと758共催「第1回トーク＆グループワーク」、2013年7月）

中川運河に関する文献をいくら探しても、植生を取り上げたものはなかった。ワークショップでは、自然生えの木がおもしろいと言う人もいれば、雑草だと理解する人もいた。都市緑化のために運河全体を公園化すべきという人もいた。そういうときに肝心なのは、なんとか共通の将来像を導き出そうと焦るのではなく、各参加者が現場のどこに触発され、こだわりを感じたのかを確認し、その理由をともに考えることである。

　空間コードは、われわれが生きる現在の空間に視点場を定めて、さまざまな時間スケールの変化が織り合わさる場所の固有性をとらえるものである。まちづくりや景観デザインの事例集からは得られない空間コードを発見・共有し、広く発信する継続的なマネジメントの仕組みを確立することが、中川運河の未来を構想するための鍵となるだろう。

● ホワイトボードの記録から

　2013年に中川運河デザインラボ緑のまちづくりチームが主催した企画、「中川運河の緑を知ろう！〜中川運河植生調査〜」（あいちモリコロ基金助成事業）のテーマは、「中川運河特有の植生」である。参加者は、フィールドワークで撮影した写真とメモを手に、意見・アイデアを出し合った。その結果、都市全体のなかで運河の緑を考えることの重要性が共有される一方で、中川運河に生える植生そのものについても、「勝手に生えた緑という認識だったが、意外に人の管理も多いことに気づいた」といった、表面的な印象から一歩踏み出す気づきがあった。「今回は植生がテーマだが、運河景観のかたちやリズムにも発見があった」という感想は、他の空間コードへの発展性やコード相互の関連性を予見させる。こうした実践こそが、本書に収録された空間コード分析の基盤をつくったと言ってよいだろう。

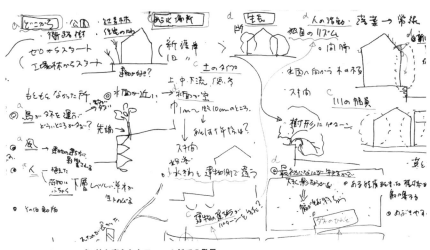

図2　ワークショップに持ち寄られたフィールドでの発見
「中川運河の緑を知ろう！〜中川運河植生調査〜」ワークショップ（2013年3月2日）。

3 大学のプロジェクト研究との連携

　大学の研究室によるプロジェクト研究が、空間コードの発見と応用にとって大きな力となることは言を俟たない。ここでは、中川運河をテーマにした調査・研究や課題の実例を取り上げて、それらの成果を空間コードのマネジメントに繋げる方法について検討しよう。

中川運河に関する調査・研究

　中川運河に関するプロジェクト研究の多くは、建築系の研究室を主体として行われてきた。その例として、愛知淑徳大学・清水裕二ゼミが名古屋都市センターで発表した「中川運河再生計画（2010）」があげられる。学生たちは、フィールドワークの成果をもとに、堀留、松重閘門、小栗橋周辺の３箇所をターゲットとする空間デザインを考えた。提案には、堀留護岸の公園化、松重閘門の再稼働と水上交通の復活、既存倉庫を活用した公共施設やカフェ・レストランの開設など、意欲的なアイデアが盛り込まれた。

　進行中の研究プロジェクトでは、名城大学・柳沢究研究室の「中川運河倉庫カタログ化プロジェクト（仮称）」が特筆に値する。運河沿いに建つ倉庫の各棟に１ページを充て、屋根形状、配置構成、マテリアルなどの特徴を「倉庫カタログ」としてまとめている。ねらいは、必要な改修を施しつつ倉庫建築を活用するために、基礎情報を提供することにある。建築的・景観的に顕著な倉庫は「中川運河遺産」として選定し、積極的に残し、再利用することを提案している。2014年度は、小栗橋から篠原橋までが調査対象とされた。建築物に対する評価がほとんど行われていない中川運河では、こうした研究は貴重な試みである。

　建築系以外では、2013年から中川運河の水質を継続的に調査している愛知大学・西本寛ゼミの取組みをあげておきたい。その関心は、ときおり発生する魚の大量死の原因にも及んでいる。いずれにせよ、同じ名古屋の堀川と比べても、中川運河の基礎的な研究はまだまだ不足している。卒業論文・修士論文といった個人の研究を含め、さらなる蓄積が望まれる。

中川運河をテーマとする設計課題

　建築系の大学組織では、設計課題として中川運河を取り上げる動きもある。名古屋大学、大同大学、ミラノ工科大学は、「中川運河を生かした都市空間の再生（2012）」という共同課題を設定し、これに各大学の３年生が取り組んだ。中川運河の倉庫などを産業遺産として有効利用しつつ、運河を含めた公共空間と建築の一体的計画を求めるという設定のもと、学生たちは３～５人のグループに分かれて提案を行った。その成果は2013年６月に名古屋都市センターでパネル展示され、合同講評会が行われた。

　最近では、名古屋大学大学院環境学研究科の修士１年生が、「新しい運河の景観（2015）」をテーマとして、次の20年を見据えた提案をまとめている。建築と水辺の関係性にフォーカスする内容は、ランドスケープ論的な視点からの発展性を予見させるものであった。

　都市デザインを構想する際には、最初から

法的規制と採算性の固い枠を嵌め、その範囲だけで考えるのは賢明でない。多様な理論・実例に触発されつつ、個々の都市がおかれた文脈のなかで空間がもつ可能性を自由に発想する力を育てるために、大学の研究教育は中核的な役割を担っていると言えるだろう。

基盤知識としての空間コード

大学の研究室によるこれまでの取組みに共通する問題は、成果物の公開が大学単位での講評や学会での発表にとどまり、外部からのアクセス機会が限られているという点にある。のちに論及するアーバンデザインセンターなどの拠点が整備されれば、中川運河に関連する調査・研究成果、課題作品などをアーカイブ化し、インターネットを通じて組織的に発信・共有することも容易になるだろう。より多くの可能性を知ったうえで選択することは、都市デザインの決定において不可欠のプロセスである。

しかし、より根本的な問題は、前提とすべき知識が不足しているアドホック的な提案が多いということである。その意味では、空間コード研究が重要な基盤知識を提供することになろう。せっかく得られたアイデアが蓄積しないという弱点も、空間コードを取り込んだ設計課題を設定することで、相当程度、克服されるはずである。ただし、空間コードは固定的な体系ではないから、継続的な研究を通じた知識の更新と質的向上が必要である。大学のプロジェクト研究との連携は、そうした空間コード自体のマネジメントにも寄与するだろう。

図　中川運河に関するプロジェクト研究の実例
A　名城大学・柳沢究研究室「中川運河倉庫カタログ化プロジェクト（仮称）」　**B**　愛知淑徳大学・清水裕二ゼミ「中川運河再生計画（2010）」　**C**／**D**　名古屋大学／大同大学／ミラノ工科大学「中川運河を生かした都市空間の再生（2012）」

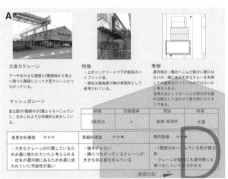

AP2

空間コードが提起する課題

1 コード単体からの発想

　空間コードに関する理解がある程度共有できたら、それを未来に繋げることが次の課題となる。いかに中川運河らしさをいかして、次なる中川運河の姿を構想するかである。

　もちろん、一足飛びにできる話ではない。具体的な絵を描く前に、まず現状の何が問題なのか、どういう再生が必要とされているのかを、確認することから始めたい。空間コードに表現された場所の「らしさ」を失わせ、どこにでもある平俗な空間へ堕してしまう危険が迫っているのならば、それを「リスク要因」として抽出するとよい。ここでいうリスクとは、空間コードとして記述された固有の進化プロセスを断ち切り、消失へ向かわせるような空間への介入やそれを助長する制度的要因などを指している。［C2：インタラクトする水土］を一例にあげると、護岸を挟んだ水域と陸域のインタラクションが水運の衰退とともに失われてきている。事業者の活動が運河に背を向ける空間構造へと再組織化されるにつれて、水面は、使い途のないバックヤードと化したかのように、人々の日常的な意識から遠ざかった。もちろんリスク要因には、このようなすでに顕在化している変化だけでなく、近未来に生起することが予想される問題も含まれる。

　リスク要因が識別できたら、再びそれらを空間コードのコンセプトと突き合わせることで課題がみえてくる。場所の「らしさ」を失わないためには何を考えるべきか、なすべきかという課題である。ここで思い起こすべきことがある。空間コードとは、視覚的な表層をなす対象物の形態それ自体というより、形態とそれを必要とした機能の間に生成された関係性だということである。上述の例に即して、倉庫に設置されたクレーンが形態、物資の輸送が機能だとしよう。事業者が自らの占拠空間たる倉庫から運河にせり出し、公共空間たる水面との間で行ったやりとり、つまり水域と陸域を結ぶインタラクションこそが、形態と機能をとりもつ関係性だと言えそうである。空間コードを関係性として理解すれば、たとえ物資の輸送という機能が失われたとしても、また、たとえクレーンが撤去されてしまったとしても、インタラクトする水土という中川運河の「らしさ」を継承し、新しい時代に合わせて進化させる可能性が生まれる。

　以下では、6つの空間コードを例にとって、コード単体から射程できる範囲に絞って、若干の課題を提起してみる。各コードとも、最初にコードそのもののコンセプトを要約したうえで、現在立ち現れているリスク要因を示し、どのようなアクションが求められるかという課題の提示へ進むという構成をとっている。ここに示すのはあくまで例であり、同じコードを出発点として、他のさまざまな問題を提起しうることは言うまでもない。また、複数コードを同時に視野に収めた場合については、次のセクションで取り上げる。

❶ 水土の接線をデザインする

関係コード：A2 閘門式運河の水面 閘門の働きにより、港よりも低いレベルに水位を固定した中川運河では、護岸に立つ人の足元に広々とした水面が静かに広がっている。橋からみる運河景観の雄大さも、水面の近さに負うところが大きい。ひとたび風が凪ぐと、両岸の風景や空模様のディテールが銀盤のごとき水面に映り、水・土の接線たる護岸を境として、見事な鏡像を発生する。

リスク要因：旧護岸の老朽化と更新 運河開削当初の護岸（旧護岸）の老朽化に伴い、護岸の更新工事が順次進められてきた。運河を使いつづけるためのメンテナンスは不可欠であるが、中川運河らしい水面の近さを損なうような改変は避けたい。すでに築造された新護岸は、矢板を立てて、コンクリートの擁壁を旧護岸の上にすっぽり覆い被せる構造を採用している。そのため、土木構造物としての威圧感が大きく、水・土を接合するのではなく、むしろ分け隔てるデザインになっているのではないか。

課題：開放感と接合感の継承 護岸を整備する際には、中川運河に特徴的な水面の開放感と水土の接合感をいかすハード・ソフト両面のデザインが必要である。具体的には、a) 広々とした水面の風景を引き立てる護岸の空間設計を工夫する（狭隘な掘割水路にしない）; b) 水・土の接線として護岸をデザインする（水面すれすれの護岸となだらかな法面で構成されていた旧物揚場のデザインを応用する）; c) 感性的価値にもとづく水面の活用法を開拓する（鏡像効果はアートイベントで実証された）; d) 水・土の風景をつくった石積み護岸のデザインを継承する（人造石「長七たたき」の技術を使った目地の大きな石垣を再評価する）、などとなろう。

❷ 自然が蒔いたリズムをいかす

関係コード：A4 緑のコリドー 現在の中川運河に見られる植生の豊かさは都市計画的な緑地ネットワークとして認識されたコリドーとは異なり、人工基盤の上に意図せずして形成されたものである。水運が衰退した後、護岸付近では、緑が減少する周辺市街地とは反対に緑が増加している。粗放的な管理状態のもとで、一定のまとまりをもった樹林景観も生み出されている。

リスク要因：敷地の更新と用途変更 人が予期せぬうちに生まれた緑であるがゆえに、失われるリスクは非常に高い。現在のところ倉庫敷地に特有の条件のもとで、自然生えの植物が生長を許されている。しかし、商業施設、公園などへの用途転換が進んだ場合の変化は予断を許さない。緑化可能な空間が拡大し、緑化地域制度によって緑化がバックアップされたとしても、自然生え中心から徹底管理された緑へという景観の変質が起きるだろう。

課題：自然に任せる都市緑地の実践 緑を豊かにすることだけを目的として、徹底管理方式の緑地を計画すれば、維持のために膨大な労力・費用を要することになる。だからといって、自然生えの空間を無理やり広げたのでは、防犯上の問題や投機ゴミの増加など、非管理ゆえのトラブルを誘発しかねない。したがって、必要なのは、自然生えと管理された緑の間でバランスをとる緑化計画である。具体的には、a) 自然生えを緑化の一部として取り入れるような緑化計画を考案する; b) 樹木群の形成に至る長期的な視点から緑の生息地を確保する; c) 空間の用途や動線とのバランスを考慮した空間デザインを工夫する、などの内容を含む、「緑の配置ガイドライン」が必要となるだろう。敷地による用途の違いに対応できる、柔軟性のある基準づくりが望ましい。

❸ 光をコントロールする

関係コード：B2 インダストリアル空間 土木構造物や建築物が地味に主張しない背景をつくる中川運河では、倉庫の内部や夜闇に差し込む光が印象的に映える（図1／図2）。

リスク要因：異質な光環境への変化 運河の土地利用変化に伴って、人工光を発する商業店舗や集合住宅が増え、整備された遊歩道には、煌々と明かりが灯されるのだろうか。それは、賑わいづくりに寄与する可能性を有する一方で、中川運河を都会のどこにでもある光環境に変貌させてしまうかもしれない。

課題：静謐な「闇」への価値づけ 中川運河では、人工的な発光体をコントロールしつつ、刻々と変化する自然光を楽しむ工夫を行うべきではないか。たとえば、窓の大きさ・配置や外壁素材にガイドラインを設け、無駄な発光を抑える街灯システムを開発すれば、都心の傍にいながら、静謐な「闇」に浸ることができる。またそれによって、アート作品の光が夜闇に映えるだろう。

図1（左） 黄昏時の運河
護岸沿いの倉庫が夕日を浴び，水の波紋の上に黒いシルエットを浮かび上がらせる瞬間。

図2（右） 差し込む光
ひっそりとした倉庫の内部ほど，自然光の美しさを実感できる場所は少ない。

❹ スマートな空地マネジメント

関係コード：B4 連続体の美学 運河景観の連続性には適度な空地が組み込まれ、景観構成要素は島状の分布を形成している。この空地こそが、運河に並行する道路から水面を見通す視点を可能ならしめている。また、中川運河が産業空間にありがちな単調さから免れているのも、景観に独特のリズムやメリハリを生み出す空地の存在によるところが大きい。

リスク要因：建築と空地のバランスの崩れ 今後の再開発において、敷地の道路側に駐車場をとり、運河側の中央部に建物を配置するといった、郊外型ロードサイド店に典型的なレイアウトが採用されると、中川運河らしい独特のリズムが失われてしまう。橋から運河を眺めても、郊外の道路沿いに建つ店舗列の背面を見るような、凡庸な景観しか得られなくなるかもしれない。

課題：空地マネジメントがつくるリズム 今後の再開発においても、大小の空地を織り交ぜて、密度の疎密をある程度コントロールすることで、運河の景観にリズムをつくり出す工夫が求められる。また、運河沿いの道路と運河の水面を視覚・動線の両面で結びつけるべきであろう。旧物揚場・護岸に着想を得た親水空間のデザイン、駐車スペースを兼ねた道路・運河間の動線確保などをテーマとしてアイデアを募り、空地マネジメントの方法を構築することが課題となろう。

図3 景観の一部をなす空地
中川運河では、多島海に浮かぶ島のような景観を醸し出すうえで、空地の存在が一役買っている。

❺ 新たな「水縁」を育む

関係コード：C1 名古屋の大静脈　かつての中川運河では、生活の糧を求めて集まった人々の間に「水縁（すいえん）」とも呼ぶべき関係が生まれた。水運の衰退とともに、住民と事業者の繋がりは薄れた。しかし、都心と港を結ぶこの運河に最適立地を見出す事業者は今も存在し、運河の新たな価値を示唆している。

リスク要因：共有イメージの喪失　運河を軸とした人の繋がりが、運河とは直接関係のない集合住宅や企業組織などの単位に分解されてきた。中川運河は、今も物理的環境としては圧倒的なスケールで存在している。しかし、人々が心の中で共有するイメージ、精神的な存在としての中川運河は、もはや存在しないかのような感覚が広がりつつある。

課題：市民の共用インフラとしての運河　中川運河の価値は水運だけではない。両岸の土地を含む運河全体に新たな利用価値を生み出すと同時に、近隣で日常を過ごす住民となんらかの目的意識をもつ訪問者が、中川運河のイメージを共有できるための仕組みづくりが求められている。たとえば、a) 操業の場として運河沿いへのこだわりをもつ現行事業者のプロフィールを参考としつつ、ものづくり都市・名古屋にふさわしい新たな集積を生み出すために、土地利用のガイドラインを整備する、というのが一つの方向である。併せて、b) 人々が共有できるインターネット上などのリソースを活用して、記憶やイメージを蓄積することも必要であろう。その際には、運河エリアの住民・事業者など、運河を日常生活の場とする人々の参加が重要である。また、c) 新たな「水縁」を育むために、かつての物揚場に代わるような共用の生活インフラを考案し、それを享受する利用者どうしの「つきあい」のきっかけとするのも有効ではないか。

❻ 水面上のインタラクション

関係コード：C2 インタラクトする水土　水運と陸運が接続する中川運河では、荷物の移動というイベントを通して、水域と陸域のインタラクションが生じていた。そして、この相互作用に規定されて、クレーンの形状、倉庫の位置、開口のサイズなどが決まっていた。水土の緊密な関係をとりもつ一連の仕掛けゆえに、中川運河は、特別なアイコンがなくても場所の個性を発揮することができた。

リスク要因：物揚場、開口部、クレーンの喪失　中川運河における水土のインタラクションを最もよく表しているのは、物揚場、運河側に開口部をもつ倉庫、クレーンなどである。しかし、それらは近年急速に姿を消しつつあり、水土が密接に繋がる中川運河らしい姿を知るのは難しい状況となりつつある。今後、人々の意識の希薄化が進むとともに、水土の関係を断ち切る再開発が続出するのではないかと危惧される。

課題：インタラクションの再定義　水運が衰退した現在では、荷や人の移動を通じて中川運河の水域と陸域が密接に繋がる可能性は、もはや現実的に期待できない。むしろ、水域景観とそれに向き合う身体の関係性を丁寧に読み解き、新しい空間デザインに繋げることが有効ではないか。たとえば、a) 護岸地の植物を前景、水域を中景、対岸全体を背景とする特有の関係性に注目し、今後の景観デザインに組み込む；b) クレーンが水面上に飛び出ていたように、建物やデッキの一部が水面上に張り出す建築をデザインし、水域景観に包まれた身体感覚として水土の関係性を蘇らせる；c) 建ち並ぶ倉庫の間の空隙や建物の内部を活用して運河に直交する動線をつくり、水域との出会いを中川運河ならではの意外性のある視覚的経験とするための装置・イベントを考案する、などの方法が考えられよう。

2　複数コードの掛合せ

　空間コードが真価を発揮するのは、多数のコードを相互に関連づけることで、都市やその場所の「らしさ」が多面的かつ統合的に理解できたときである。進化しつづける関係性の総体として都市の固有性を理解するなら、本来、それを決まった数の空間コードに切り分けることはできない。そのことは、都市を描き出した文学や絵画の名作を見るとよくわかる。ペテルブルクの都市世界を内側から見つめたドストエフスキー。都市を鳥瞰した作品なら、近世スペイン都市のパノラマを数多く残したヴァン・デン・ウィンハードをあげてもよい。いずれにせよ、作家の感性と知性がとらえた都市は、個々の要素に分解されることなく、あくまで全体性として提示されている。科学では実現しがたいある種の名人芸を前に、都市論者たるわれわれは憧れに近い感情を抱くことさえある。

　しかし、空間コードを手がかりとして、多くの人の手によって都市の将来像を導き出そうとすれば、広義の政策実践におけるコードの有用性が問われる。空間コードへの共同参加のためには、コードがコミュニケーションツールとして機能しなければならないからである。だからこそ、本書では、調査・研究の蓄積をもとに4×3＝12の空間コードを設定し、読者の前でそれらを順番に繙くという方法をとった。そこには、都市という多面体がもつ一つひとつの面に光を当て、専門家でなくても理解可能なかたちに可視化することが必要という考えがあった。また、多くのコードが強固に結ばれたリジッドな体系ではなく、適度な隙のある面の集合体として対象にアプローチした方が、空間コードの実践に後から参加する人にとっても、自分なりの取っ掛かりが見出しやすいのではないか。そもそも空間コードは、時間の概念を内包していると同時に、それ自体、時とともに進化する可能性を有する。本書で提示した空間コード以外にも、さまざまな発見の可能性がある。

　分析編の各コードの記述では、折にふれて他のコードを参照することで、多くのコードが互いに関係し合って中川運河の全体性をつくっていることを示唆した。そうしたコード相互の絡まり合いを意識しながら、本セクションでは、コード単体の場合よりも広い視点から課題を提示してみたい。議論の段取りは、コード単体のときと同様である。まず、各課題にかかわる空間コードのコンセプトを要約したうえで、中川運河の現状から重要度の高いリスクを識別し、どういうアクションが必要とされるのかを試論的に示す。きわめて多様なコードの組合せがありうることは言を俟たないが、テーマ的なバランスと読者にとっての理解のしやすさを考慮して、A～Cのブロックから計3コードを抽出する掛合せの例を3つ示すことにする。具体的には、倉庫建築の有効利用による産業空間への積極的価値づけ、人と自然の関係性に関する中川運河モデルの模索、歩行者のための動線づくりを通じた運河軸の再活性化である。いずれも、事業の中心となりうるターゲットを明示しつつ、それを中川運河という全体性がもつ「らしさ」のなかに定置する工夫を行っている。

❶ 倉庫建築の継承と再利用

関係コード
B2 インダストリアル空間：工業的な素材や色彩に発する産業空間独特の雰囲気
B4 連続体の美学：建築物や工作物などの人工物と植物群落のつくる島状のまとまり
C2 インタラクトする水土：活発な水運の時代が残した水域と陸域との密な関係性

リスク要因：倉庫・工場の建替え

　中川運河の景観要素のなかで大きな割合を占めるのが、倉庫や工場など、素材や用途が限定された建築物・工作物である。それらは、鳥の止まり場となることで、鳥散布による植物群落の形成を促し、予期せずして、人工物と植物群が島状にまとまる独特の景観を生み出した。運河側の大きな開口は、水運の盛んだった時代を想起させ、経年劣化した建築物や工作物には、運河の歴史が刻まれている。そして、生長した緑が無機質な産業空間にいきいきとした表情を与える。倉庫建築は、これら複数の空間コードを束ねる結節点であり、新築では再現しがたい「質」をもった空間資源と言えるだろう。

　中川運河両岸の倉庫敷地は、名古屋港管理組合による賃貸制度のもとで、土地利用者がたびたび変わってきた。今後、公共用地としての活用法をめぐって新たな試みが行われるとなれば、さらに入れ代わりが激しくなるかもしれない。そこで問題となるのが、事業者が借地権を名古屋港管理組合に返却する際に、建築物や工作物をすべて撤去して更地に戻すというルールである。空間資源としていかに高いポテンシャルをもつ倉庫であっても、土地利用者の入れ代わりに伴って、跡形もなく失われてしまう。

課題：産業空間の継承

　既存倉庫を活用するには、どうすればよいだろうか。一つ考えられるのは、これまでのように更地を借りる事業者を募集するだけでなく、賃借権の返却が決定している空き倉庫の再利用を前提として、事業コンペを行うという方法である。これは、新旧双方の事業者にとってメリットのあるやり方である。旧事業者は、倉庫を解体して更地に戻すための費用が節約でき、新事業者は、既存倉庫の再利用により初期投資を抑えることができる。

　事業コンペを行う際に重要なのは、冒頭にあげた空間コードをいかした提案を条件とすることである。たとえば倉庫建築は、道路と水路を結びつけるインターフェースとして機能していた。道路から倉庫を介して水際の緑や水面を見通せる空間設計、さらには、道路・水路両サイドの開口を活用する事業モデルの構築に関する提案が出てくれば、中川運河らしいアクセシビリティの向上のみならず、経済的観点からみた空間利用の高度化にも寄与するだろう。

　2本の支線部では、両岸敷地の奥行きが9mと小さい。そのため、大きな駐車場を必要とする店舗ではなく、現状の倉庫を再利用できる小規模事業所がふさわしい。すでに更地と化している区画も少なくないが、敷地面積の数字にとらわれて、隣接区画を統合して細長い敷地をつくるのは得策でない。むしろ、支線部特有のスケール感に注目することで、運河の雰囲気が道路まで滲み出るような、魅力的な店舗などの提案が期待できるのではないか。

図1　BankART 1929
横浜では、遊休化した港湾施設などの再利用により、アートを軸とする都心活性化が試みられてきた。

❷「半自然」のマネジメント

関係コード
A4 緑のコリドー：産業インフラとして枠づけられた空間に意図せずに育った緑の回廊
B3 鳥と風が運ぶ都市の緑：生態系の働きによって運ばれた植栽木の種子から生まれた緑
C3「自然」とのつきあい：管理の「あいまいさ」を背景とする多様な緑が与える恵み

リスク要因：画一的な植栽管理の導入

中川運河の緑で大きな割合を占める護岸地の植生は、水運が衰退した後の数十年に大きく生長したものである。過度の繁茂が建物や護岸のメンテナンスに影響を及ぼすこともある。その場合、事業者または名古屋港管理組合の判断で伐採が施されるが、現状では、緑量の増加が伐採を上回っているとみられる。

むしろ懸念されるのは、今後の運河整備において、中川運河らしい緑のあり方を顧慮しない、画一的・固定的な植栽が行われることである。中川運河では、自然生えで形成された植物群落に植栽木が合わさっており、自然生えも、近隣エリアの植栽木に種子供給源をもつ。ダイナミックな生態ー社会関係を体現する「半自然」は、多様な価値づけが可能なだけでなく、省コスト・省エネルギーという長所を有する。既成概念にとらわれた植栽整備は、そうした中川運河の緑がもつ良さを台無しにするかもしれない。

課題：関係性を育てる緑のマネジメント

中川運河の緑がもつ固有性を維持・発展させるには、緑を育む関係性に焦点を当て、空間コードを緑のマネジメント手法へと昇華させる必要がある。課題を以下の3段階に分けてみた。
(1) 土地利用のあり方は、緑の形成・維持を支え、枠づけるシステムの機能を有する。まずこれを計画論的に応用することが必要である。都心と港を結ぶ中川運河のスケールをふまえれば、緑の連続性を高めることで、エコロジカルコリドーとして積極的に位置づける発想があってよい。また、20年という倉庫敷地の標準的な賃借期間は、15〜20年ごとに伐採を行ってきた里山の管理システムを想起させる。土地の利用サイクルと緑の生長を意識的に呼応させるマネジメントも可能かもしれない。
(2) 次に、「半自然」の緑を生態系サービスの供給源として位置づけるためには、適材適所を考慮した自然生えの管理方法を編み出し、各ステークホルダーに浸透させることが必要となろう。事業者ごとの管理が行われ、鳥や風によって周辺の生態系と繋がった中川運河の緑は、刻々と状態を変化させている。だから、固定的なルールをいきなり設けるのではなく、継続的なモニタリング調査にもとづく順応的なマネジメント手法を開発する方がよい。
(3) もう一つ重要なのが、文化的サービスを含む緑の恵みのサイクルをマネジメントする発想である。そのためには、ふだん緑と向き合っている運河利用者を巻き込みながら、植生管理に関する緩やかなルールづくりを進めることが必要となろう。肝心なのは、可能な限り広い選択肢を示し、土地利用者の主体的な取組みを促すことである。たとえば、緑には関心をもっているが、維持コストを抑えたい事業者に対しては、自然な群落を残す粗放的な管理を推奨するのも一法であろう。ただし、特定外来植物の抑制管理などについては、最低限のルールづくりが求められる。

図2 ニューヨーク・ハイライン
ハイラインに「らしさ」を与えるこれらの植物は、レールヤードに自生していた草花をもとに、生息環境や色彩などを考慮して選定されている。

❸ 歩行者動線の構築

関係コード
A3 人工の自然堤防：運河両サイドの微高地に成立した一体的な空間利用
B4 連続体の美学：運河が辿った遍歴と結ばれた連続のなかの不連続がつくるリズム
C1 名古屋の大静脈：運河の「水縁」で結ばれた人々がつくるビジーな町

リスク要因：空間利用の一体性喪失

歩行者のアクセシビリティ改善は中川運河の重要課題であるが、そのデザインについては、空間コードを土台として慎重に選択しなければならない。仮に水際線だけを見て、護岸沿いにプロムナードを設置したならば、倉庫敷地を挟んで水路と道路が関係し合う中川運河のユニークな空間構成は、バラバラに分解され、陳腐化するかもしれない。他方、中川運河を水路軸に沿って見ると、時間のモザイクというべき、新旧の要素がおりなすリズムに大きな特徴がある。護岸ラインを丸ごと塗り替えるようなデザインは、この運河には似つかわしくない。

空間利用を活性化するための仕組みづくりという意味でも、護岸沿いのプロムナード設置には考慮すべき点が多い。護岸地を倉庫敷地を借りる事業者の空間利用から切り離し、不特定多数の人が通り抜ける歩道としてデザインすれば、どのような状況が生じるだろうか。開放的な開口、突き出したクレーン、瑞々しい植物など、人々と運河のつきあいが凝縮する水際の良さが失われてしまうだろう。それに、プロムナードをつくっても、人通りの少ない裏道になってしまっては、不法投棄や占拠を防ぐための空回りの投資へと堕しかねない。

課題：運河空間の血脈活性化

以上をふまえると、中川運河らしい歩行者動線構築の鍵は、倉庫敷地や道路を含む運河空間全体への組込みにあると言える。そのためにはまず、「人工の自然堤防」の背骨たる道路の利用価値に注目し、コミュニティバス運行やランニングコース開設など、多様な可能性を視野に入れて再デザインすることが必要となる。水縁で結ばれた差し渡し8kmの町は、少々歩いただけで存在が実感できるスケールではない。

水面へのアクセス確保については、護岸地を切り離して扱うのではなく、むしろ倉庫敷地で操業する事業者を巻き込むべきであろう。たとえば、道路から建物間または建物内を通って水面や対岸に向けて延びる動線を組み込む。これを共通コンセプトとして、パイロット事業の実施やガイドラインづくりなどで、実用性のある空間デザインを募集するという方法がある。カフェのテラス席のように、運河に面した空間を商業利用するにしても、水面や対岸の風景がアイストップをつくるという設定が、中川運河らしい魅力になるはずだ。水害リスクを意識したピロティ式の防災建築を構想するなら、建物下の吹き抜け空間が歩行者動線の構築にとって大きなポテンシャルをもつだろう。

共通コンセプトのもとに多様な提案を事業化するシナリオを明確化すれば、中川運河を活動の土場とする人々が互いに刺激し合うことにも繋がる。昭和から受け継いだ立派なインフラたる中川運河に必要なのは、そこに人工臓器のようなパイプを取り付けることではなく、既存のインフラを使いこなす人々に通う血脈を活性化させることである。

図3　東京・天王洲アイルの水面に浮かぶ飲食店

AP3
空間コードから共創する未来

1 共創のための条件

空間コードの都市デザインへの翻訳

　前セクションでの課題の例示を受けて、本書の最後に、都市共創の実践に空間コードを活用する具体的な方法について試論を提示しよう。繰り返し述べたように、空間コードはデザインコードではなく、都市の「らしさ」を共有するためのコミュニケーションツールである。個別の建築計画、施設利用のマネジメント、景観計画の策定など、空間コード投入の場面はさまざま考えられるが、投入すればデザインが決まるというものではない。空間コードをいかすには、事業主がその有用性に対して一定の理解を有するとともに、建築家

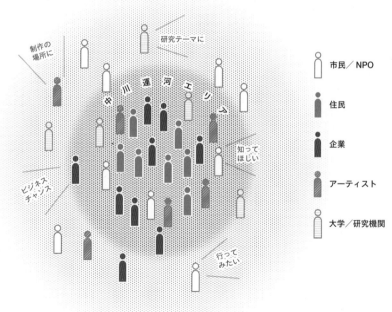

図1　中川運河への多様な主体のかかわり

やデザイナーの発想力で具体的なデザインへと翻訳する必要がある。

　もちろん、そうしたプロセスが自然発生することは少ないだろうから、空間コードを深く理解し、場面に応じて適切なコードの投入を提案するコーディネータが求められる。同時に、都市再生のコアとなる空間に関心を寄せるステークホルダーが継続的に集まって協議する場を設け、それによってコーディネータの働きに社会的承認を与える工夫が必要であろう。名古屋・中川運河の場合に即して言えば、運河沿いで事業を営む企業、近隣エリアの住民、運河を創作活動の場とするアーティスト、運河の価値に関心を寄せる市民、調査・研究を行う大学などが主な参加主体として想定される（図1）。

　以下では、空間コードを都市デザインへ翻訳するプロセスについて、具体的な検討を行ったうえで、今の時代にふさわしい公共圏の一つのあり方として、都市空間をアリーナとする連携組織構築の意義に論及したい。

実践プロセスへの空間コードの組込み

　実践プロセスへの空間コードの投入には、どのような方法があるだろうか。建築計画などの個別事業から公開型コンペ、あるいは行政計画のレベルに至るまで、空間コード応用の可能性は大きく開かれている。中川運河が置かれた実際の状況と絡めながら、いくつかの選択肢を提示してみよう。

1　「らしさ」を読む空間デザイン

　建築計画に際して、近隣の不動産権利者どうしが協調して、エリアの個性を意識しながらデザインを決めるといったことは、残念ながら頻繁に起きるものではない。変化しつづける都市のなかで、場所の持続的文脈を織り込んだ新築・リノベーションを実現するには、不動産権利者やその依頼を受けた設計者自らがそうした文脈を摑んでいなければならないからである。仮に関心と意欲があったとしても、多くの場合、デザインを慎重に吟味するための時間や資金は限られているだろう。そうしたとき、アイデアの引出しとして役立つのが空間コードである。ゼネコンやコンサルタントの設計者や建築事務所などが、空間コードの利用者として想定される。中川運河の実態に即せば、水土のインタラクションをいかした事業所の建築デザインや運河景観にリズムを生み出す空地のマネジメントなどは、個別の建築計画のレベルであっても、「らしさ」の継承・進化に十分貢献する可能性のあるテーマと考えられる。

2　デザインガイドラインの協議

　都市空間の魅力は、さまざまな主体による鎬の削り合いによって磨かれる。とはいえ、建物と道路のように、権利者・管理者がまったく異なる空間ユニットの関係を調整するのは容易でない。そうした課題に応えるための一つの有力な筋道は、行政と事業者を中心とする協議に大学の研究室などが協力し、空間コードを下敷きとして、デザインガイドラインを合意することである。中川運河なら、水面・護岸や道路・橋梁からなる共用インフラと倉庫敷地に立地している事業所・施設の間で、統合的な空間デザインの実現をめざしたい。さらに、道路を挟んで反対側の建築敷地を対象に取り込むことができれば、運河エリアの一体感はいっそう高まるだろう。共用インフラに限っても、行政の管轄の違いが効果的なデザインづくりの妨げになっている現状をふまえれば、協議の必要性が理解されるのではないか。たとえばニューヨーク市では、建築部局、交通部局、公園・レクリエーショ

ン部局など、行政の異なるセクションが街路空間に対する理解を共有し、沿道事業者とも連携してStreet Design Manualを作成している。

3 公開型コンペによる都市デザインの構築

新しい都市デザインに挑戦するとき、課題は明らかでも、それを実現する方法がみえていないことがよくある。そういう場合は、さまざまなアイデアから最適解を探り当てる公開コンペが有力な手段となる。コンペでは、空間コードという開かれた資料を前提とすることで、都市再生の一翼を担う事業にふさわしい条件を設定し、提案者のエネルギーをテーマの核心部分に集中させることができる。提案されたデザインに対しても、都市プロジェクトとしての価値が見定めやすくなり、審査の公開性が高まるにちがいない。また、都市に蓄積された文脈を共有するツールを事前に提供することは、遠方から応募する有能な建築家やプランナーの発想を、たんなる新奇さの追求ではなく、長い目で都市にとって有意義な結果に結びつけることに貢献するだろう。中川運河の場合、パイロット事業のデザインや新しいインフラづくりなどの領域では、コンペがとりわけ高い効果を発揮しうる。本セクションにつづく「中川運河コンペ」では、試みとして、AP2-2で複数コードの掛合せとして検討した3つの課題からテーマをとって、コンペの募集要項案を提示したい。

4 地域発信の拠点づくり

NPOなどの市民団体やアーティストの集まりは、活動を展開している地域に活力をもたらすだけでなく、その場所の魅力を都市全体に広める発信者となる。地域の内と外のパイプ役になれることが、日常生活空間として地域と向き合う住民とは異なるそれら主体の強みと言えよう。しかし、市民グループは、往々にして活動拠点となる場所の確保に苦労し

図2 ポートランドのNatural Capital Center
米オレゴン州、ポートランドのパール地区に建てられた19世紀末の倉庫を1998年、環境NPOのEcotrustが購入し、人間の生産活動における「自然資本」の価値を共同で追求するテナント施設として再生した。オレゴンの土地柄をいかした再生プロジェクトは、米国における建物の環境性能認証システムLEEDで初のゴールド評価を獲得した、「緑の建築」としても注目されている。Natural Capital Centerを交流拠点とする団体・事業者は、公共セクターと民間セクター、非営利活動と営利活動のすべてにわたる。またそのことが、持続可能な施設経営のデザインにとっての強みとなっている。写真左は、鉄道の操車場や貨物ターミナルに囲まれた1930年代頃の倉庫付近の様子、右は、2001年にリノベーションが終わった直後の施設外観。

ている。もし、エリア内に立地する事業者や行政と協働して、恒常的な交流の場をつくり出せたとすれば、近隣居住者にとっても意味のある地域のエンパワーメントへと繋がるはずである。そして、たんなるハコモノづくりや一時的な賑わいの演出に矮小化されない継続性のある試みとするには、プロジェクトに参加するアクターたちが、まず町への思い入れの意味をしっかりと確かめなければならない。そうした市民の探求行為にとって、共通言語たる空間コードは大きな支えになるだろう。協働を通じて自分たちの都市のプライドを適切に伝える活動がデザインできたら、営利事業も参入する交流拠点へと発展する可能性が開ける。この意味での貴重な先行事例として、アメリカ合衆国ポートランドのNatural Capital Centerがあげられる（図2）。

5 行政計画にもとづく意思決定

最後に、行政計画の可能性について検討しておこう。これは、公共性担保の手続きを経ているという意味では合理的な都市政策の手段であるが、プロジェクト単位の取組みに比べて、柔軟な行動がとりにくいという難しさをもつ。しかし、先にあげたデザインガイドラインの協議のように、都市の将来像の予測にもとづいて空間デザインを合意する際には、なんらかの計画枠組みを下支えとするのが望ましい。たとえば、柔軟なエリア設定による土地利用の誘導の観点からは、景観法にもとづく景観計画を活用するのが一つの選択肢になるだろう。ただし、ここで想起すべきは、前近代社会に固有の地域共同管理に代わる、新しい公共圏を都市のなかに紡ぎ出すことの重要性である。都市の「らしさ」は、形や色彩などに関する基準値を機械的に当てはめることでつくり出せるものではない。計画の力を借りるにせよ、各種のステークホルダーが参加する柔軟な協議の仕組みを併せて運用することが不可欠である。中川運河の場合には、都市計画マスタープランなどの既存計画との関係をふまえた基本計画が1993年に策定され、2012年からは中川運河再生計画が施行されている。こうした行政計画は、計画策定そのものもさることながら、その継続的なマネジメントを積極的に目的化することによって、公共圏の活性化に寄与する可能性を十分にもっている。

新しい公共圏の構築に向けて

さて、以上のような選択肢を実行に移すには何が必要だろうか。おそらく個別事業のレベルであれば、意欲と行動力のあるメンバーが何人か集まることで可能なことが少なくないだろう。しかし、都市政策的な観点からダイナミックな価値をもつエリアを対象化するときには、個々の試みから大きなシナジーを生み出す都市空間のガバナンスが重要性を帯びてくる。中川運河なら、沿岸用地の公的マネジメントといった特有の仕組みをポジティヴに組み込みながら、新しい公共圏を支える制度づくりを推進することが必ずや求められるであろう。

公共圏の構築において、産官学民のプラットフォームに相当する組織づくりが必要なことは明らかである。しかし、それをたんなる話し合いの場に終わらせないためには、都市政策の推進主体として必要な専門性を備え、地域・社会のなかで高い認知を受ける組織としなければならない（図3）。連携組織の構成員は、当該エリアに固有の条件と将来的な可能性に照らして十分に代表性をもつべきであるが、組織への具体的なかかわり方は、ステークホルダーによって必ずしも一様ではないだろう。幸い、国内でも、アーバンデザインセ

第V部　空間コードの応用　197

ンターと銘打ち、活動実績を積んでいる先行事例がいくつか存在する(図4)。そうした蓄積を参考としつつ、公共圏の中川運河モデルとも言うべき制度づくりを実現することが望まれる。

連携組織に期待される役割

それでは、空間コードの応用という観点に立ち戻ったとき、連携組織はどのような役割を担うのだろうか。議論の便宜上、中川運河アーバンデザインセンター（UDCN）という仮想名称を立てて、中川運河の実態に即した見取図を描いてみよう。

AP1で述べたように、空間コードは多様な主体の参加によって発見し、育ててゆくべき開かれたプロセスである。しかし、フィールドワークやワークショップで拾った種子をもとに、新しい空間コードへと育て上げるには、環境学、建築、都市計画などに関する専門知識をもち、かつ中川運河という場所に継続的にかかわるコーディネータが必要である。また、大学のプロジェクト研究では、既知の空間コードを前提として共有し、併せて研究成果の蓄積をはかるために、空間コードを導線とする知識のアーカイヴを構築し、インターネットなどを通じて発信するといった方法が効果的であろう。新しい空間コードの発見に結びつく知見は、建築計画など、個々のプロジェクトから予期せぬかたちで得られるかもしれない。継続的な知識の更新と向上は、空間コードとの関連でUDCNが果たすべき基本的機能の一つである。

先に提起した空間コードの投入に関する5

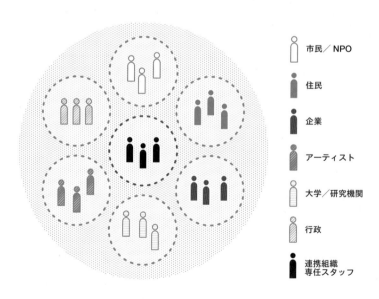

図3　中川運河の公共圏を支える連携組織のイメージ

つの選択肢を実行する際にも、UDCNは、プロセスに介入し、成功へ導くために中核的な役割を果たしうる。

UDCNの日常的活動としては、個別事業を含むすべてのプロジェクトに対して、各事案の特性にかかわる空間コードの考え方をわかりやすく提示し、パイロット事業や参考となる先行事例を紹介しながら、事業主やデザイナーの疑問に答えるといった仕事が想定される。地域発信の拠点づくりを目的とする施設の共同利用のように、さまざまな主体が同時にかかわるプロジェクトでは、事業の方向性を模索している初期の段階から、合意プロセスに対する支援活動を行うことが望ましい。とくに、中小企業と市民団体、地縁組織とNPOなど、日常的な接触の機会が少ない組合せのコラボレーションは、仲介役のサポートを交えた地道な努力なしには実現困難である。また、土地利用の全体状況を継続的にフォローするUDCNは、事業者の撤退に伴って遊休化する倉庫を有効利用が見込める新規パートナーに紹介するといった、空き倉庫バンクとも言うべき機能を担うこともできよう。

他方、まったく異なるタイプの権利者・管理者がかかわらざるをえないデザインガイドラインの協議などは、連携組織としてのUDCNの特長が最もよく発揮される領域と考えられる。デザインの流行に飛びつくことなく中川運河の「らしさ」を着実に進化させるには、既知の空間コードをしっかりと共有しつつ、大学の研究室などの協力を得ながら、関係性を表現する新しいコンセプトのデザインへ落とし込むといった、丁寧な作業が必要である。また、行政計画については、都市ガバナンスを実現する道具立ての一つとして、既存の計画体系を効果的に活用するための条件づくりが重要となるだろう。そのためにも、都市にとっての戦略的ポテンシャルをもった場所にしっかり根を張る、UDCNのような組織の整備が待たれる。都市空間の日常的マネジメントにかかわるガイドラインづくりの面で、あるいは計画の成果を実感させるようなプロジェクトのレベルで、公共圏を担うさまざまなステークホルダーの発想をいかした提案を実現へ導くには、誰もが一目置くような社会的な代表性を支えとしつつ、専門性と行動力を発揮できる組織が必要ではないか。

図4 柏の葉アーバンデザインセンター（UDCK）
UDCKは、千葉県柏市北部「柏の葉地域」における公民学が連携するまちづくり拠点として、2006年に開設された。東京大学、千葉大学、柏市、三井不動産、柏商工会議所、田中地域ふるさと協議会、首都圏新都市鉄道の7つの構成団体により、共同で運営されている。UDCK初代センター長の北沢猛は、多くの主体が連携する組織としての場、現地に張りつく専門家が幅広い協力ネットワークを備える人材の場、人々が集まって行動する施設としての場、といった複数の視点から、開かれたまちづくりの場の創出を推進するアーバンデザインセンターの意義を論じた。

2　中川運河コンペ

コンペを通じた共同参画

　本書の最後に、都市の未来を共創するための方法として、前セクションであげた選択肢のなかから、コンペ(設計競技)の可能性に注目しておきたい。漠然としたイメージから何か新しいものを発想しようとするとき、それを決まったメンバーで行おうとすれば、自ずから思考パターンが限られてしまう。しかし、コンペであれば、発想の過程に多くの人が共同参画することにより、限界を乗り越えられる可能性がある。

　しかし、コンペにも問題はつきものである。たとえば、提案された内容がコンペのねらいから逸脱していたり、期待された水準に達していないといった事態である。原因は、応募者の実力不足のみならず、しばしば、守ってもらうべきルールを適切に設定していない実施サイドにもある。実施者がただ漠然と、あるいはデザイン市場の流行だけを意識して、場当たり的な実施要綱を定めたとしよう。対象への適切なアプローチが成就する可能性を提案者に丸投げするこの種のコンペは、予想外の好結果を生むこともあるが、失敗したときには、コンペそのものの信用失墜に繋がる。

空間コード活用の考え方

　こうした問題を解消するために、本書は、コンペにおける空間コードの活用を提案する。空間コードは、ある意味、提案者の発想の可能性を限定する。前提条件から自由であることで生まれるデザインもあるだろう。しかし、空間コードが提起するのは、単体の建築物などのデザインではなく、都市という、市民にとっての広義の公共空間を共創するための方法である。このことは、都市のイメージ刷新に繋がるような大がかりな事業となれば、なおさら重い意味をもつ。多くの人々によって受容されるまでの長い年月に耐える骨太のアイデアでなければ、一時の流行に終わるからである。スケールの大小を問わず、既存の都市に創造的に働きかけ、その個性の一部に進化するデザインは、その都市固有の文脈、つまり、提案者にとってのある種の制約条件との対話から生まれる。だから、知ったうえで発想されたデザインにこそ重みがある。

　コンペにおいて、前提条件としていくつかの空間コードを設定することを考えてみよう。提案者にとって、それらのコードは自らに課された出発点であると同時に、創意を働かせるための切り口としての意味をもつ。また、空間コードを学ぶことは、都市やその場所を支える文脈を知る手段にもなるだろう。ただし、忘れてはならないことが一つある。空間コードは、都市の「らしさ」の根底にある関係性を可視化するためのコミュニケーションツールであって、景観デザインを規定するデザ

インコードではないということである。屋根の形状や壁面の色といったデザイン要素を表面的に規制する方法からは、不易をなす都市の「らしさ」は生まれない。そういう立場に本書はたっている。場所のシナジーを支えるのは、多様な主体のかかわりによって培われた関係性である。そして、自己成長的なプロセスから生まれた関係性を視覚的な形象として映し出し、人々のアイディティや想像力を喚起するものが景観にほかならない。都市の景観は「こしらえる」ものではない。

実施要綱から考えるコンペの可能性

さて、コンペへの空間コードの組込み方について考えてみよう。提案者に既知のコードすべてを理解してもらうのが理想かもしれないが、それでは、提案者のみならず審査者に対しても、過度に複雑なワークフローを要求することになりかねない。コンペのテーマに即して重視すべき空間コードを絞り込みつつ、関連する他のコードへの目配りを促すことが現実的な選択肢となるだろう。

たとえば、植栽木を種子供給源とする「半自然」に注目して、そのマネジメント手法を募集する場合を想定してみる。最も直接的に関係するコードは［B3：鳥と風が運ぶ都市の緑］であるが、［A4：緑のコリドー］や［C3：「自然」とのつきあい］も見逃せない。中川運河の景観を半自然の生成メカニズムからとらえるB3は、都市スケールの土地利用変化のなかに運河を位置づけるA4、そして運河沿い事業者の緑に対する意識に注目するC3と合わさることによって、中川運河の「らしさ」をより立体的に伝えてくれるからである。「AP2-2　複数コードの掛合せ」で述べたように、

組合せによって都市の個性を浮き彫りにするのが空間コードの特性である。そのことは、新しい空間デザインの案出においても、十分に意識され、活用されるべきであろう。

以下では、コンペの打ち方を考えるために、AP2-2に掲載した3つの課題を再び例にとって、募集要綱案を示してみたい。その際、現況との距離感が異なるさまざまなコンペの可能性にふれる意味で、①「倉庫建築の継承と再利用」をパイロット事業の建築設計競技、②「半自然のマネジメント」を造園デザイン・植栽マネジメントに関する設計競技、③「歩行者動線の構築」を研究的性格の濃いアイデアコンペとして位置づけることにする。募集要綱案では、前セクションで提起した連携組織が「中川運河アーバンデザインセンター（UDCN）」の仮称のもとで登場する。港湾施設の管理者である名古屋港管理組合については、仮想化すると理解がかえって混乱すると考え、実名のまま使わせていただいた。いずれにしても、これらの募集要綱案がいずれも中川運河の未来を見据えた実験的性格のものであり、募集内容が仮想化されていることは言うまでもない。

❶ 倉庫建築の継承と再利用

中川運河○○地区事業提案募集

募集の背景

　中川運河は、水運による物流軸として、昭和の初めから名古屋の経済・産業の発展を支えてきました。その後、コンテナ化とトラック輸送の発達に伴って水運の取扱い量は激減しましたが、現在でも、倉庫・運輸事業者が沿岸に多く立地し、名古屋地域の経済発展に大きく貢献しています。また、市民団体のイベントや水上スポーツの場として活用されるなど、中川運河に対する従来とは異なる空間利用のニーズが増加しつつあります。このような運河を取り巻く状況の変化をふまえ、名古屋港管理組合では、名古屋市と共同で、「歴史をつなぎ、未来を創る運河」を基本理念として、交流・創造、環境、産業、防災の各分野にわたる中川運河再生計画を策定しました。

募集の目的

　中川運河の盛衰とともに時を刻んだ倉庫は、産業インフラとしての運河の歴史を物語る重要な資産です。中川運河アーバンデザインセンター(UDCN)は、市民・有識者による審議会を組織し、産業発展に果たした役割、クレーンなどの工作物の特徴、使用されている建築素材などの観点から、中川運河の資産として将来に残すべき倉庫を選定しています。本コンペでは、中川運河再生計画にもとづいて策定された沿岸用地土地貸付に関するガイドラインに則り、既存倉庫を含んだ沿岸の1区画を対象として、倉庫建築の継承と再利用に関する事業提案を広く民間事業者から募集します。応募者に対しては、指定倉庫を有効活用することで運河の歴史性を継承するとともに、新しい中川運河の活力を生み出す提案を求めます。民間事業者の優れた発想と経営ノウハウにより、運河の魅力が向上し、今後の活性化に繋がることを期待します。

対象地の概要

1　**所在地**
　　名古屋市中川区○○町○丁目地先
2　**面積**（図参照）
　　敷地：1,496m^2　既存倉庫：136m^2
3　**所有者**
　　名古屋市（名古屋港管理組合による管理）
4　**土地利用の条件**
　ア　用途地域：準工業地域
　イ　建蔽率60％
　ウ　容積率200％
　エ　臨港地区（分区：商港区）
　オ　港湾法（昭和25年法律第218号）第37条の2に規定する港湾隣接地域に指定されています。
5　**前面道路**
　　敷地西側で市道（幅員13.65m）に接続。
6　**対象地の現況**
　　対象地は、現状のまま引き渡すものとし、隠れた瑕疵・欠陥については、組合は、その責めを負わないものとします。既存倉庫の耐震補強や内外装の補修・改修等、事業に必要とされる改変・改修は事業者の負担で行ってください。
7　**対象地の提供方法**
　　全面積一括貸付（使用許可を含む）

土地貸付条件

1　**貸付等の方法・期間**
　ア　普通財産部分事業用定期借地権設定契約（賃借権）20年
　イ　行政財産部分使用許可1年更新（更地使用とし、堅固な構築物や工作物は設置はできません）
2　**土地の引渡し・返還**
　　土地は、現状渡しとします。将来、事業者と管理組合の契約が満了または解除されたとき、新設を含む敷地上の建築物に関しては、中川運河らしさに寄与するか否かをUDCNで検討し、

名古屋港管理組合と協議のうえ、保存するか、解体して更地の状態に戻すかを決定します。解体の場合、その費用は事業者負担となります。

募集の要件

1 「中川運河らしさ」の継承・発展

「中川運河らしさ」については、基本資料として、『空間コードから共創する中川運河』（鹿島出版会、2016年）を参照してください。とくに考慮すべきポイントとして、昭和の時代から継承された倉庫・工場群や橋梁・閘門との調和、護岸地付近の緑化、運河への眺望などがあげられます。中川運河沿いでも対象地は、奥行きが11mと狭小なため、前面道路から提案施設を介して水面や対岸へ接続する運河空間を適切に演出する提案を望みます。

2 既存倉庫の特徴をいかした施設デザイン

既存倉庫の耐震補強や内外装の補修・改修を行うにさいしては、水陸両面に開かれた大きな開口やトラスの小屋組など、中川運河の物流機能と結ばれた建築的特徴を生かした提案としてください。また、新設施設のデザインは、建築的意匠やスケール感など、既存倉庫との調和を意識したものとします。

3 中川運河の活力を創出する事業活動

運河空間の活力を高める販売・サービスや文化・芸術などに関する事業提案とします。具体的な業種としては、飲食店、小売業、自家販売のための食品製造業、これらを含む商業施設、アトリエ、ギャラリーなどを想定しています。幅広い客層を呼び込むのみならず、運河沿岸エリアの魅力を向上させる提案を望みます。

4 環境・アクセシビリティへの配慮

都心と港を結ぶ運河の沿岸で豊かな緑の保全・創出をはかるため、緑化を推進する提案とします。建築物と緑地のまとまりといった、中川運河の緑の特性をいかした緑化計画をしてください。また、交通計画は、車両および徒歩によるアクセスに配慮したものとします。

5 地域住民等への配慮

周辺環境への影響については、地域住民に配慮した施設としてください。事業に伴う苦情には事業者が対応し、組合はその責を負わないものとします。

事業予定者の選考・決定

事業予定者の選考にあたっては、以下の流れにより、名古屋管理組合が設置する審査委員会で審査します。

1 プレゼンテーション審査

応募登録書類、事業提案書およびプレゼンテーションにより、提案内容を審査し、最優秀提案者を選定するとともに、その他の提案者の順位づけを行います。

2 事業予定者の決定

名古屋港管理組合は、審査委員会からの審査結果の報告を受けて、事業予定者を決定します。

3 事業予定者の提案に対するアドバイス

決定した事業予定者の提案は、UDCNで検討を加え、名古屋港管理組合との協議のもとで適宜アドバイスを行います。これにより、事業予定者は提案内容の改善に繋げるものとします。

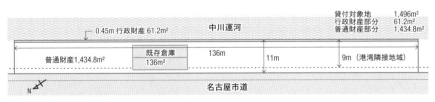

図　中川運河○○地区平面図

❷「半自然」のマネジメント

中川運河ランドスケープパーク
設計案募集

募集の背景

　中川運河は、昭和初めに水運と陸運を接続する産業インフラとして開削されました。運河両岸の物揚場や倉庫敷地は、もっぱら荷作業の効率を考えてデザインされ、計画的な植栽が行われることはありませんでした。しかし、1970年代以降、艀を使う運河の水運が衰退すると、遊休化した護岸地に自然生えの樹木が育ちはじめます。これがやがて、運河を縁取る緑地帯へと繋がっていきました。今日では、倉庫敷地を賃借している事業者のなかに、運河の豊かな緑を楽しみ、植栽の工夫を施す例が多くみられます。さらに、運河を舞台とするアート活動においても、緑に囲まれた水盤としての中川運河の価値が着目されています。

　立派な産業インフラでありながら、産業構造や交通システムの転換によって遊休化した大規模な土木構造物は、世界中の都市にみられます。しかし、なかには、汚染物質の除去などの環境浄化を経て、市民が利用するオープンスペースとして再生した例が少なからずあります。ニューヨーク・マンハッタンのビル街を走る貨物高架線をリノベートしたハイラインなどは、非常に示唆的な試みと言えるでしょう。中川運河をそうした既存の事例に照らすと、水運が衰退した現在も、倉庫・工場の建つ倉庫敷地が現役の産業空間でありつづける一方で、水面と向き合う護岸地には緑のコリドー（回廊）が自然形成されるという、いわば人工・自然の複合性が顕著な特徴として浮かび上がります。

募集の趣旨

　以上の背景をふまえて、中川運河アーバンデザインセンター（UDCN）では、名古屋港管理組合との協議にもとづいて、人間と自然の営みの接点に生まれた中川運河のランドスケープがもつユニークさを顕在化させ、今後の運河沿いにおける緑地マネジメントのモデルとするために、一般市民がアクセスできるランドスケープパークの整備を計画しています。本コンペでは、ランドスケープパークの設計について、以下の２つの観点を考慮した提案を募集します。

1 「半自然」をいかした造園デザイン

　中川運河における植物群落の形成メカニズムについては、関連分野の専門家による空間コード研究のなかで明らかにされています。護岸地を中心とする自然生えの樹木は、近隣エリアの公園の樹木、社寺林、街路樹などを種子供給源としています。植栽木を起源としつつ、鳥や風による種子散布を経ることで自然特有のリズムを獲得したのが、中川運河の緑だと言えるでしょう。本コンペでは、こうした「半自然」の緑を土木構造物たる運河の水面や護岸、両岸に建つ倉庫・工場といった人工物と一体でとらえ、ランドスケープとしての特徴を浮かび上がらせる造園デザインを期待します。

2 負荷軽減型の植栽マネジメント

　中川運河の緑は、近隣エリアの植栽木と樹種が共通しているため、都市環境への適応力に富み、かつ高い観賞的価値をもっています。しかも、特定樹種に絞った公園の緑や街路樹とは違って、多様な樹種からなる群落が自然のリズムに従って成立しています。こうした運河の緑は、地域における生物多様性や生態系サービスの保全に貢献するだけでなく、ローインパクトかつローコストな緑地マネジメントの開発にとっても大きな示唆を与えます。本コンペでは、人間がある程度コントロールすることを前提として、自然生えの特徴をいかしつつ、管理コストを軽減する植栽マネジメントの方法に関する提案を造園デザインと併せて求めます。

　いずれの点についても、詳しくは、『空間コードから共創する中川運河』（鹿島出版会、2016年）を参

照してください。UDCN では、さまざまな事業立案のために空間コードを活用しています

　UDCN としては、ランドスケープパークの整備を通じて、今後、中川運河の他所においても、半自然の緑化を意識した多様な取組みが行われることを期待しています。本コンペでは、そのための呼び水となるよう、新鮮味と波及力のあるアイデアを望みます。

事業予定地の詳細

　ランドスケープパークの整備は、現在の○○緑地を予定しています(本募集要綱末尾の図を参照してください)。本緑地は、名古屋市が所有する倉庫敷地の一部を活用して整備されたものです。供用開始から一定期間が経過し、利用実績とともに課題もみえてきたことから、先述のように、中川運河らしい半自然をいかしたランドスケープパークとして再整備する方針となりました。既存設備との関係については、以下の点を考慮してください。

1　再整備にあたって、既存の漕艇センターは、原則的に現状のまま残します。そのため、漕艇センターの建屋および水面・道路へのアクセス空間については、本コンペにおけるランドスケープデザインの対象から除外します。
2　漕艇センターの運河を挟んで向い側に、簡易宿泊・集会施設を新設する予定です。同施設の建築デザインは別途検討しますので、本コンペでは提案の対象外とします。しかし、中川運河では、護岸地に近接する建物の配置・形状が植物の生長に対する制約条件となることで、群落の形成場所、群落内の樹種の分布、樹形などに独特の特徴をもたらしています。こうした建物との関係性を効果的に織り込んだ造園デザインを期待します。なお、既存の駐車場は残置し、引き続き使用します。
3　漕艇センターの南隣には、将来的に、水上スポーツや水上パフォーマンスを鑑賞するための立体観客席を新設する構想があります。このエリアについては、必要となった時点で、ランドスケープパークとしての全体性を損なうことなく、低コストで用途転換がはかれるよう、空間デザインの工夫を求めます。
4　その他のエリアについては、すべて造園デザインの対象とします。新しいランドスケープパークにおいて、既存の緑地に含まれている芝生、植栽、散歩道等の設備を全体的または部分的に継承するか否かについては、提案者の選択に委ねられます。

提案内容に関する条件

提案に際しては、以下の条件を必ず守ってください。

1　建造物を含むランドスケープパークの全敷地の緑被率を 30% 以上としてください。
2　簡易宿泊・集会施設など、建造物のデザインについては別途検討しますので、本コンペでは対象外とします。ただし、壁面の素材・色彩に関する提案を含めることはできます。施設を設計する建築家との協力を想定して、ツタなどによる壁面・屋上緑化を盛り込んでおくことも可能です。
3　駐車場については、既存のものを再利用します。ただし、駐車場緑化に関する積極的な提案を歓迎します。
4　植物群落の自然な遷移を促す植栽マネジメントを提案する場合は、想定される遷移過程(樹種、階層構造等)を示してください。既存の樹種については、『空間コードから共創する中川運河』に記載されています。
5　ランドスケープパークの緑について、管理・利用のルールを提案してください。施設管理者は言うまでもなく、一般利用者と緑とのかかわり方にも踏み込むことを期待します。

提案書への添付資料

提案書には以下を必ず添付してください。

1 提案の趣旨を説明した文章(600字程度)。
2 造園デザイン平面図(縮尺1/250)。
3 断面図(縮尺1/150)。ランドスケープパークの土地造成および護岸地・水面との高さの関係がわかるものとしてください。断面形状に複数のパターンを設定してもかまいません。
4 施設整備時と20年後の状態を想定したグラフィックス。
5 ランドスケープパークと周辺エリアを結ぶ生態系の繋がりを図化したグラフィックス。

2 事業予定者の決定
　名古屋港管理組合は、審査委員会からの審査結果の報告を受けて、事業予定者を決定します。
3 採用案に対する改善提案
　決定した事業予定者のランドスケープデザイン案については、UDCNで検討を加え、名古屋港管理組合との協議のもとで必要な改善を施します。採用案の提案者には、UDCNでの検討過程に参加していただくことを予定しています。
4 採用案の提案者には、所定の賞金が与えられます。また、3に掲げたUDCNでの検討業務に対しては、規程にもとづく謝礼が支払われます。

事業予定者の選考・決定

　事業予定者の選考にあたっては、以下の流れにより、UDCNが組織する審査委員会で審査します。

1 プレゼンテーション審査
　応募登録書類、事業提案書およびプレゼンテーションにより、提案内容を審査し、最優秀提案者を選定するとともに、その他の提案者の順位づけを行います。

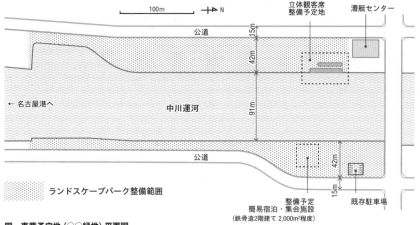

図　事業予定地(○○緑地)平面図

❸ 歩行者動線の構築

中川運河歩行者動線
グランドデザイン募集

募集の背景と目的

　中川運河沿岸は、工業地域としての利便性ゆえに、水運が衰退した現在も、事業者によって活用されています。他方、商業港機能のコンテナ埠頭への移転など、運河を取り巻く環境の変化に伴って、公共財産たる運河を市民のより広い層の利用に供する気運が高まっています。都心と港を結ぶ中川運河の周りに、ものづくり都市・名古屋ならではの産業機能を維持しつつ、広々とした水面を取り巻く空間の利用価値を多くの市民に実感してもらうには、徒歩によるアクセシビリティの向上が不可欠です。

　本コンペは、中川運河全体にわたる歩行者動線整備の大きな方針を定めることを目的としています。方針決定後には、具体的な場所に即した実施コンペが行われる予定です。本コンペでは、個別事業のデザインではなく、中川運河のユニークさを引き立て、創造的に継承するための事業の基軸となる提案を求めます。

グランドデザインの対象範囲

　本コンペで募集するグランドデザインは、長良橋以南、東海橋以北の運河幅約63mの区間を対象とし、運河水面から並行する道路の倉庫敷地側歩道までを対象範囲とします。ただし、運河水面を利用する場合は、船舶の航行に干渉しないよう、護岸から5m程度までとします。

　本募集要綱末尾の図には、八熊橋から篠原橋までを例にとって、空間構造と土地利用の現況を示しました。図中の破線が先述の対象範囲を表します。運河幅、敷地奥行き、運河と並行する道路の幅員など、空間構造の基本フレームは一定ですが、敷地間口、建築の有無、運河と直交する道路の幅や交通量など、その他の条件は場所によって異なります。提案に際しては、特定区間のみに適用可能なものではなく、フレキシブルに応用できる汎用性のあるグランドデザインとしてください。なお、自転車利用者の動線を提案に含めることもできますが、自転車による倉庫敷地への進入は不可とします。

土地・建物の利用条件

　土地・建物の利用条件は、所有・管理主体によって異なります。本コンペでは、既存条件のみに縛られるのではなく、将来の制度変更を促すような思い切った提案を歓迎します。ただし、ある程度の実現可能性を担保する観点から、現状への理解を出発点とした提案であることは必要です。とくに、倉庫敷地に関する以下の条件は変更不能と考えてください。

　ア　倉庫敷地は名古屋市の所有である。
　イ　倉庫敷地に建つ建物は公有財産、または定期借地している民間事業者の所有財産である。

　以上を前提としつつも、倉庫敷地では、現状でもところどころに行政が留保している空き倉庫や更地があります。これらについては、歩行者動線設定のために活用できるものとみなして差支えありません。民間事業者の賃借地に歩行者動線を組み込むには、新しい空間デザインの普及に事業者を巻き込むためのパイロット事業募集など、別段の工夫が必要と考えられます。本コンペでは、そうした可能性の発掘を含めた斬新なアイデアを期待します。

空間コードの活用

　中川運河については、関係各分野の調査研究により、人工水路としてのなりたち、運河沿いの土地利用、水路と陸路のやり取りなど、他の水辺とは異なる特性が「空間コード」として明らかにされています。『空間コードから共創する中川運河』(鹿

島出版会、2016年）を参照してください。中川運河アーバンデザインセンター (UDCN) では、さまざまな事業立案のために空間コードを活用しています。こうした経緯をふまえ、本コンペでは、空間コードのコンセプトをいかした歩行者動線デザインの提案を強く望みます。本コンペでとくに重要なコードとしては、以下の3つがあります。

A3 人工の自然堤防

中川運河の両岸は、開削土を盛って低湿地の土地条件を改善する「運河土地式」の土地区画整理事業によって整備されました。そのため、運河の水面から、護岸地、倉庫敷地、道路反対側の建築敷地に至る幅広の帯状の土地に、物流・ものづくりを中心とする空間利用の一体性が生まれました。建築敷地は民間に売却されましたが、それ以外は現在でも公有地であり、中川運河ならではの水陸の接続空間として、一体的な活用を推進することが望ましいと考えられます。道路については、市の道路ネットワークのなかで再整備の方向性を検討しなければなりませんので、本コンペでは、水面から道路の倉庫敷地側歩道までを視野に入れた提案を求めます。

B4 連続体の美学

中川運河では、運河景観の基準線をなす護岸の上で、建物と護岸地の緑が空間的なまとまりをなしています。これに穏やかな水面に映る鏡像の効果が加わって、建物・緑・空地のユニットが水面上に列をなして浮かぶような景観が生まれました。そうした空間を船に乗ってクルーズすると、景観の移り変わりのなかに、都心から港に向けて拡大していった都市の遍歴と言うべき、さまざまな時代性を感じ取ることができます。歩行者動線の構築に際しても、空間デザインに新しい要素を効果的に組み込むことで、上述のような中川運河の景観特性を継承し、引き立てる提案を望みます。

C2 インタラクトする水土

中川運河は、都心と港を結ぶ水路であると同時に、いたるところで荷の積降しが可能な細長い港湾施設として設計されました。水運の便だけでなく陸運との接続を考えて、運河に並行して大幅員の道路を一体整備したことも、大きな特徴です。そのため、運河沿いの工場・倉庫は、しばしば運河と道路の両面に開口部を設け、物資の保管や加工を通じて、水陸の間に緊密な関係を生み出してきました。現在でも、わずかに残る公共物揚場や水面上に大きく張り出したクレーンに、かつて存在した活発な水土のインタラクションが象徴されています。本コンペでは、そうした既存のインフラや工作物に着想を得ながら水域と陸域の関係の再活性化をはかる、積極的なアイデアを期待します。

歩行者動線の空間デザインに直接影響するコードは上記の3つですが、それ以外にも関係の深いコードがあります。とくに、誰が歩行者動線の日常利用者になるのかという意味では、運河を介した事業者や近隣住民の繋がりに光を当てる「C1 名古屋の大静脈」が重要でしょう。

ただし、提案者として、既知のコードのみに縛られる必要はありません。しかるべき調査を通じて見出されたコードならば、追加することもできます。その場合は、提案者自らが行った分析を含めて、新しいコードについて説明し、グランドデザインのなかに、既存のコードと併せて位置づけてください。

提案書への添付図

提案書には以下を必ず添付してください。

1 配置図兼平面図（縮尺1／2,000程度）
原則的に隣り合う橋を含む図とします。橋、道路、倉庫敷地の建物、護岸地の接続の仕方を明示してください。ある具体的な区間をモデルに取ってもかまいませんが、応用性の高い空間デザインとすることが必要です。

2 断面図（縮尺1／150）
護岸地先5mの水面から倉庫敷地を経て道路に至る範囲をカバーする図とします。地面や土木構造物がもつ高低差の空間デザインへの取り

込み方を示してください。断面形状に複数のパターンを設定してもかまいません。

グランドデザイン案の選考・決定

提案されたグランドデザインは、以下の流れにより、UDCNが組織する審査委員会で審査します。

1　プレゼンテーション審査

応募登録書類、グランドデザイン提案書およびプレゼンテーションにより、提案内容を審査し、最優秀案を選定するとともに、その他の提案の順位づけをします。

2　グランドデザイン案の決定

名古屋港管理組合は、審査委員会からの審査結果の報告を受けて、グランドデザイン案を決定します。

3　採用案に対する改善提案

決定されたグランドデザイン案については、後の実施コンペにおける実現性を高めるために、UDCNで検討を加え、名古屋港管理組合との協議のもとで必要な改善を施します。採用案の提案者には、UDCNでの検討過程に参加していただくことを予定しています。

4

採用案の提案者には、所定の賞金が与えられます。また、3に掲げたUDCNでの検討業務に対しては、規程にもとづく謝礼が支払われます。

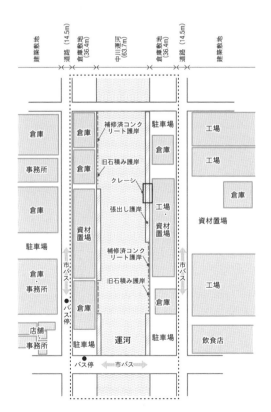

図　中川運河の現況

運河幅63.7mに対して両側に36.4mの倉庫敷地、幅員14.5mの片側1車線道路（歩道付き）が接続している。運河と倉庫敷地の間の護岸は、旧石積みが残る区間、コンクリートによる補修が行われた区間、旧護岸から張り出すかたちに造成された新護岸の3種類に大別される。詳細については、『空間コードから共創する中川運河』（鹿島出版会、2016年）を参照のこと。なお、本図は八熊橋から篠原橋の区間の現況をもとに作成したが、あくまで中川運河の空間構造を理解するための図なので、細部については実際と異なっていることがある。

典拠一覧

第 I 部　空間コードとは

扉		メッツラー制作	
	図	内山作成	
後扉		左：中川運河「計畫概要」名古屋市公文書館所蔵，右：内山・川口作成	

第 II 部　中川運河を発見する

扉		メッツラー制作
A	図 1	名古屋市「中川運河案内」（昭和 12 年版），名古屋港管理組合所蔵資料
	図 2, 図 3	竹中撮影（2014/5/21）
	図 4	地盤図は，土木工学会中部支部『最新名古屋地盤図』1988 年による。地形断面図は，国土地理院基盤地図情報（数値標高モデル 5 m メッシュ）をもとに川口が作成
	図 5	名古屋市『都市計画概要 1990』をもとに長谷川が作成
	図 6	長谷川作成
	図 7	名古屋港管理組合提供のデータをもとに長谷川が作成
	図 8	名古屋市緑政土木局提供のデータをもとに長谷川が作成
B	チャート ①	清水作成
	チャート ②	竹中撮影（2009/7/11）
	チャート ③	中川橋 / 名四国道高架橋：清水撮影（2015/3/24），運河橋 / 猿子橋：清水撮影（2015/3/28），その他：長谷川撮影（2014/6/28）
	チャート ④	上：横関撮影（2012/7/27），下：竹中撮影（2014/8/23）
	チャート ⑤	清水作成
C	図 1	名古屋市「中川運河再生計画」2015 年（資料編 79 〜 89 頁），名古屋商工会議所地域開発委員会名古屋運河研究会「これからの中川運河のあり方――「泥の河」から「風と水と緑の環境都市軸」への再生を目指して　提言書」2009 年（参考資料：中川運河年表），名古屋市立大手小学校編『大手 50 周年記念誌』1986 年，16 〜 17 頁，24 〜 27 頁を主な資料源として川口が作成
	図 2	左・中：名古屋港管理組合所蔵資料，右：名古屋海洋博物館所蔵資料
	図 3	川口作成
	図 4	名古屋海洋博物館所蔵資料
	図 5	川口撮影（2014/6/20）
	図 6	名古屋港管理組合所蔵資料
	図 7	横関撮影（2012/10/7）
	図 8, 図 9	「中川運河助成 ARToC10」Facebook による
後扉		長谷川作成

第Ⅲ部　中川運河の空間コード

扉		メッツラー制作
A1	図1	大日本帝国陸地測量部5万分の1地形図「熱田」（明治24年測図，明治33年発行）から抜粋
	図2	『尾張志』付図（愛智郡西），天保15年，名古屋市蓬左文庫所蔵による
	図3	国土地理院2.5万分の1デジタル標高地形図（2006年）をもとに竹中が作成
	図4	『大正昭和名古屋市史　第9巻　地理編』第29図より抜粋
	図5，図6	名古屋港管理組合所蔵資料
	図7	左：地籍図「熱田前新田・中」（明治17年）より抜粋，右：地籍図をもとに竹中が作成
	図8	名古屋市都市計画情報提供サービスによる写真データをもとに竹中が作成
	図9	内山作成
A2	図1	名古屋港管理組合所蔵資料
	図2，図3	竹中撮影（2014/5/21）
	図4	竹中作成
	図5	中川運河「計畫概要」名古屋市公文書館所蔵
	図6	竹中撮影（2014/8/7）
	図7	竹中撮影（2012/4/14）
	図8	名古屋港管理組合提供のデータをもとに竹中が作成
	図9	上：竹中撮影（2011/10/9），下：横関撮影（2013/11）
	図10	西川美森（篠原小学校）。写真は竹中撮影（2013/2/9）
A3	図1	名古屋都市センター所蔵資料
	図2，図3	国土地理院基盤地図情報（数値標高モデル5mメッシュ）をもとに竹中が作成
	図4，図6	内山作成
	図5	各年次の住宅地図と都市計画基本図をもとに内山が作成
	図7	住宅地図（1959年版，1967年版）をもとに内山が作成
A4	図1	竹中撮影（2014/8/7）
	図2	竹中撮影（2014/11/16）
	図3	1955年：名古屋市都市計画情報サービス・都市計画写真地図情報の空中写真データをもとに川口が作成。1990年/2010年：名古屋市土地利用計量調査データをもとに川口が作成
	図4	名古屋市「名古屋緑の現況調査」（1990年，2010年）のGIS（地理情報システム）データをもとに川口が作成
	図5	川口撮影（2012/5/16）
	図6	川口作成
	図7	上：川口撮影（2014/5/21），中・下：川口撮影（2012/5/16）
	図8	上：川口撮影（2014/6/10），中：横関撮影（2013/1/26），下：竹中撮影（2014/5/31）
B1	図1	竹中撮影（2014/5/21）
	図2，図3，図5	内山作成
	図4	左：竹中撮影（2014/10/31），右：竹中撮影（2014/5/21）
	図6	竹中作成
B2	図1	上・下：竹中撮影（2014/5/21），中：竹中撮影（2013/7/24）
	図2	左：内山撮影（2013/7/23），右：内山撮影（2014/7/25）。図は内山作成
	図3	左：竹中撮影（2013/4/28），右：内山撮影（2013/5/12）
	図4	内山作成
	図5	上：竹中撮影（2013/7/24），下：竹中撮影（2013/11/10）
	図6	上：内山撮影（2013/5/12），下：竹中撮影（2014/5/21）
B3	表1，表2，図1〜図3	長谷川作成
	図4	長谷川撮影（2014/5/3）
B4	図1	写真：横関撮影（2012/7/27），図：清水作成
	表	清水作成
	図2	写真は横関撮影（2012/7/27）
	図3	メッツラー撮影（2014/5/21）
	図4	左：清水撮影（2015/3/28），中：清水撮影（2015/3/28），右：清水撮影（2010/10/30）

C1	図1	川口が分析・作図
	表1	統計なごやWeb版
	表2	名古屋市立大手小学校編『大手50周年記念誌』1986年、46〜53頁による
	図2,図3	名古屋港管理組合所蔵資料
	表3	名古屋市土木局河川浄化対策室編「タウンリバー中川運河」1985年、17頁；名古屋港開港90周年記念事業実行委員会編「名古屋港90年のあゆみ」1997年、48頁；名古屋市立大手小学校編『大手50周年記念誌』1986年、48頁による
	図4	名古屋市立大手小学校編『わたしたちの学区大手』1976年、31頁
	表4,図5	各年次の住宅地図をもとに内山が作成
C2	図1,図2	内山撮影（2013/12/3）
	図3	1955年の都市計画基本図をもとに内山が作成
	図4	A/C/D：名古屋海洋博物館所蔵資料、B：名古屋港管理組合所蔵資料
	図5	内山作成
	図6	左：内山撮影（2013/12/3）、右：内山撮影（2014/5/21）
	図7	内山撮影（2014/5/21）
C3	図1,図4,表1,表2	長谷川作成
	図2,図5,図6	長谷川・川口作成
	図3	横関撮影（2012/7/27）
	図7	長谷川撮影（2014/5/28）
C4	図1	名古屋市所蔵資料。昭和40年代前半頃をとらえた動画からのキャプチャー画像
	図2	映画「泥の河」（小栗康平監督、1981年 木村プロダクション）より
	図3	上：竹中撮影（2015/8/29）、下：清水撮影（2010/10/31）
	図4	A：清水撮影（2010/10/31）、B：清水撮影（2011/10/9）、C：清水撮影（2012/10/28）、D：清水撮影（2013/10/25）、E：清水撮影（2014/11/16）
	図5	A/B：横関撮影（2014/10）、C/D：横関撮影（2014/11）
	図6	『アートポート記録集』アートナビ運営委員会、2005年、4頁、13頁、16頁
後扉		内山・竹中作成

第IV部　空間コードを発見する技

扉		メッツラー制作
SP1	①図1	竹中撮影（2013/7/13）
	①図2	内山撮影（2015/4/30）
	①図3	内山作成
	②図1	横関撮影（2012/7/27）
	②図2	竹中撮影（2014/5/21）
	②図3	竹中撮影（2013/4/28）
	②図4	竹中撮影（2015/8/29）
	③図1	内山作成
	③図2	名港海運株式会社社史編纂室企画・編集『名港海運50年の歩み』2000年、24、25頁
	③図3	左・中：竹中撮影（2014/5/28）、右：内山撮影（2014/4/4）
	④図1	名古屋市立大手小学校編『わたしたちの学区大手』1976年、24頁、「学区の絵地図」（抜粋、一部改変）
	④図2	名古屋港管理組合所蔵資料
	④図3,図4	竹中撮影（2014/5/28）
	⑤図1,図4	株式会社大矢鋳造所提供
	⑤図2	内山撮影（2015/11/26）
	⑤図3,図5	竹中撮影（2014/11/16）
	⑥図1〜図4	竹中撮影（2014/5/16）
	⑦図1	左：竹中撮影（2014/11/22）、中・右：横関撮影（2013/6）
	⑦図2	竹中撮影（2014/11/22）
	⑦図3	横関撮影（2013/6）

	⑧ 図1	竹中撮影（2012/10/21）
	⑧ 図2	清水撮影（2012/10）
	⑧ 図3	大洞博靖撮影（2014/11）
	⑧ 図4	浅井信好撮影（2015/4）
	⑨ 図1	『名港海運50年の歩み』名港海運株式会社，2000年，19頁
	⑨ 図2	上：「大名古屋市全図 都市計画街路網及び運河網」（1924年），下：名古屋市復興局「大名古屋市街全図」（1935年）
	⑩ 図1	左：竹中撮影（2010/1/24），右：竹中撮影（2013/7/23）
	⑩ 図2，図4	竹中撮影（2013/7/23）
	⑩ 図3	上：竹中撮影（2014/5/21），下：竹中撮影（2013/7/23）
	コラム① 図	内山撮影（2015/8/1）
	コラム② 図	住宅地図とフィールド調査をもとに内山が作成
SP2	1 全図表	長谷川作成
	2 調査概況図	地図：川口作成。写真：竹中撮影（2014/5/21）
	2-1 図	川口作成
	2-2 全図表	長谷川作成
	2-3 図	長谷川・川口作成
	2-4 左図	長谷川作成
	2-4 右図	長谷川・川口作成
	2-5 図	「なごや緑の現況調査データ」をもとに川口が作成
	2-6 写真	横関撮影（2012/7/27）
	3 表	橋本啓史作成
	3-1 写真	橋本啓史撮影（2009～2014年に名古屋市，日進市などで撮影）
	3-1 図，3-2 図	長谷川・川口作成。写真は橋本啓史・長谷川・川口が撮影
SP3	1-1 写真	竹中撮影（撮影日はキャプションに記載）
	1-2 写真	内山撮影
	1-3 写真	竹中・内山撮影（撮影日はキャプションに記載）
	1-4 写真	竹中・内山撮影（撮影日は写真上に記載）
	2 写真	インデックス写真：横関撮影（2012/7/27）。その他写真：内山撮影
	3,4 写真，図	内山撮影・作成。護岸断面図は，名古屋港管理組合提供資料
SP4	全作品	メッツラー制作（解説は，横関・内山）

第Ⅴ部　空間コードの応用

扉		メッツラー制作
AP1	2 図1	A：川口撮影（2013/4/28），B：竹中撮影（2014/10/11），C：川口撮影（2013/7/13）
	2 図2	「中川運河の緑を知ろう！～中川運河植生調査～」ワークショップ（2013/3/2）による
	3 図	A：名城大学・柳沢究研究室「中川運河倉庫カタログ化プロジェクト（仮称）」，B：愛知淑徳大学・清水裕二ゼミ「中川運河再生計画（2010）」，C/D：名古屋大学／大同大学／ミラノ工科大学「中川運河を生かした都市空間の再生（2012）」による
AP2	1 図1	内山撮影（2013/9/26）
	1 図2	内山撮影（2013/9/27）
	1 図3	清水作成
	2 図1	清水撮影（2012/12/28）
	2 図2	ニューヨーク・ハイラインWebサイト（http://art.thehighline.org）による
	2 図3	内山撮影（2013/6/6）
AP3	1 図1	内山作成
	1 図2	Natural Capital CenterのWebサイト（http://www.ecotrust.org/project/natural-capital-center）による
	1 図3	内山作成
	1 図4	長谷川撮影（2015/9/3）
	2 図	いずれも中川運河空間コード研究チームが作成

参考文献

中川運河にかかわる行政計画・報告書および研究・資料のほか、空間コード研究の方法論と密接に関係する研究書のうち、主だったものを掲載した。いずれも、5頁に満たない短編は、原則的に除外している。年史関係で継続的に刊行されている場合は、直近のもので代表させた。

中川運河関係の行政計画・報告書など

1 運輸省第五港湾建設局・名古屋市計画局『内陸水路網に関する調査研究報告書』運輸省第五港湾建設局、209頁、1973年
2 名古屋港開港百年史編さん委員会編『名古屋港開港100年史』名古屋港管理組合、499頁、2008年
3 名古屋港管理組合編『名古屋港管理組合60年史——名古屋港管理組合60年の歩み』名古屋港管理組合、41頁、2011年
4 名古屋市『中川運河』名古屋市役所、29頁、1933年
5 名古屋市『中川運河地区快適環境づくり』(編集:地域計画建築研究所)、122頁、1986年
6 名古屋市「なごやの水の環(わ)復活プラン——豊かな水の環(わ)がささえる『環境首都なごや』をめざして」53頁、2007年
7 名古屋市『なごや水物語——元名古屋市長杉戸清の描いた水都なごや』名古屋市上下水道局、209頁、2010年
8 名古屋市計画局編『名古屋臨海低湿地帯の再開発——中京臨海低湿地帯の再開発方式に関する実証的研究』名古屋市計画局、145頁、1961年
9 名古屋市土木局河川浄化対策室編『中川運河 タウンリバー』名古屋市土木局河川浄化対策室、18頁、1985年
10 名古屋市土木部庶務課『中川運河と建築敷地』名古屋市、66頁、1931年
11 名古屋市・名古屋港管理組合「中川運河再生計画 歴史をつなぎ、未来を創る運河——名古屋を支えた水辺に新たな息吹を」111頁、2012年
12 名古屋市博物館編『企画展 伊勢湾をめぐる船の文化』名古屋市博物館、67頁、1989年

中川運河関係の研究・資料など

13 愛知雅夫「中川運河の魅力再生について(特集 都市型河川・運河の再生と都市の魅力づくり)」『アーバン・アドバンス』48号、45〜52頁、2009年
14 石川榮耀「中川運河を中心として——或る気の小さな都市計画家の手記」『都市公論』13巻9号、73〜82頁、1930年
15 岡戸武平『鉄一筋 岡谷鋼機三百年の歩み』中部経済新聞社、482頁、1968年
16 岡谷鋼機株式会社社史編纂委員会編『岡谷鋼機社史』岡谷鋼機、457頁、1994年
17 音堅清人「中川運河の再生に向けた活動報告(平成21年度自主研究)」『アーバン・アドバンス』53号、66〜72頁、2010年
18 鎌田敏志「中川運河の新たな活用に向けて(平成23年度名古屋都市センター研究報告)」『アーバン・アドバンス』60号、60〜66頁、2013年
19 久保田稔ほか『運河と閘門——水の道を支えたテクノロジー』日刊建設工業新聞社、348頁、2011年
20 瀬口哲夫『官庁建築家・名古屋市建築課の人々とその設計』C&D出版、223頁、2009年
21 瀬口哲夫・河合正吉「名古屋市における中川運河の変容に関する研究」『土木計画学研究・論文集』16巻、255〜263頁、1999年
22 竹中克行「生態社会環境としての都市の水辺空間——名古屋・中川運河の再生に向けて」『共生の文化研究』4号、100〜119頁、2010年
23 田村伴次『中川運河の研究——みなと楽市・楽座の創生を夢見て』伊勢湾フォーラム、91頁、2009年

24	露橋小学校開校100周年記念誌編集委員会編『地図でみる露橋の歴史──親子でみつけるつゆはしのあゆみ』露橋小学校、78頁、2006年
25	名古屋商工会議所・地域開発委員会名古屋港研究会「これからの中川運河のあり方──『泥の河』から『風と水と緑の環境都市軸』への再生を目指して（提言書）」66頁、2009年
26	名古屋市立大手小学校編『わたしたちの学区大手』名古屋市立大手小学校、126頁、1976年
27	名古屋市立大手小学校編『大手50周年記念誌』大手50周年記念事業会、81頁、1986年
28	名古屋大都市圏研究会編『図説 名古屋圏』古今書院、101頁、2011年
29	西別府順治『名古屋港と三大運河 堀川・新堀川・中川運河──水運から見た名古屋開府400年』中日出版社、259頁、2011年
30	秀島栄三「なごやの都市型河川・運河の再生──ことをまえにすすめるために（特集 都市型河川・運河の再生と都市の魅力づくり）」『アーバン・アドバンス』48号、29〜35頁、2009年
31	堀田典裕「〈水〉と〈土〉のデザイン──中川運河と河岸地域を巡る低地の開発について」名古屋都市センター、17頁、2010年
32	向井愛・堀越哲美「名古屋市中川運河における海風遡上が体感気候に及ぼす影響」『日本建築学会計画系論文集』553号、37〜41頁、2002年
33	名港海運株式会社総務部社史編纂編『名港海運60年の歩み 1949-2009』名港海運、172頁、2009年
34	茂登山清文・則武輝彦（TENPO）編『中川運河写真』eight、95頁、2012年
35	柳田哲雄「産業遺産関連情報『眠れるウォーターフロント中川運河』の現状と再生への取り組み」『産業遺産研究』16号、94〜96頁、2009年

空間コード研究に関連する理論・方法論

36	アーバンデザインセンター研究会編『アーバンデザインセンター──開かれたまちづくりの場』理工図書、223頁、2012年
37	伊藤香織・紫牟田伸子監修／シビックプライド研究会編『シビックプライド──都市のコミュニケーションをデザインする』宣伝会議、221頁、2008年
38	岡田昌章『テクノスケープ──同化と異化の景観論』鹿島出版会、188頁、2003年
39	片木篤『テクノスケープ──都市基盤の技術とデザイン』鹿島出版会、246頁、1995年
40	小浦久子『まとまりの景観デザイン──形の規制誘導から関係性の作法へ』学芸出版社、238頁、2008年
41	高村学人『コモンズからの都市再生──地域共同管理と法の新たな役割』ミネルヴァ書房、287頁、2012年
42	武内和彦『ランドスケープエコロジー』朝倉書店、245頁、2006年
43	東京大学都市デザイン研究室編『図説 都市空間の構想力』学芸出版社、183頁、2015年
44	ハイデン、ドロレス（後藤春彦ほか訳）『場所の力──パブリック・ヒストリーとしての都市景観』学芸出版社、319頁、2002年
45	布野修司『景観の作法──殺風景の日本』京都大学学術出版会、365頁、2015年
46	法政大学エコ地域デザイン研究所編『水の郷 日野──農ある風景の価値とその継承』鹿島出版会、175頁、2010年
47	ムニョス、フランセスク（竹中克行・笹野益生訳）『俗都市化──ありふれた景観 グローバルな場所』昭和堂、295頁、2013年
48	レルフ、エドワード（高野岳彦ほか訳）『場所の現象学──没場所性を越えて』筑摩書房、274頁、1991年

あとがき

「これは空間コードの本ですか、それとも中川運河の本ですか？」

いく人かに同じ質問を投げかけられた。その都度、歯切れの悪い印象を与えることを承知で、「両方です。切り離しては意味がないので」と答えてきた。関係性を鍵として都市の「らしさ」を読み解く空間コード研究の方法論は、中川運河という対象を超えて、一般的な価値を有するものと信じている。しかし、中川運河との出会いなしには、空間コード研究は生まれなかった。フィールドから理論を発想する地理学者として、自らの実践の意味を考え直す貴重な機会となったこの研究の来歴を振り返っておきたい。

*

2010年代に入ろうとするころ、大学のゼミの教育実践を兼ねて、中川運河の調査に取りかかった。同じ名古屋でも、堀川では両手で数えるほどの市民団体が活動している。それに対して、中川運河に積極的にかかわろうとする組織は、港湾関連の業界団体を別にすれば、行政関係のOBが尽力してできたNPO法人、伊勢湾フォーラムくらいしかなかった。両岸の土地は、名古屋港管理組合が事業者に貸付けている市有地だから、運河に面して生活している住民はほとんどいない。自分が引き込まれた運河空間は、よそ者を歓待する場所ではないことを悟った。

そういうときに刺激になったのが、インテリアデザイナーの服部充代さんが中川運河で始めた活動だった。彼女の行動力の賜物というべきキャナルアートの起ち上げにかかわったおかげで、名古屋市・名古屋港管理組合の人たち、行政と強いパイプをもつ建築・都市計画の専門家、地元名古屋で活躍するアーティストなど、さまざまなステークホルダーの考え方を知ることができた。運河沿いで操業する事業者や運河を生業の場としてきた古くからの住民とも、直接会って話す機会を得た。ほどなく気づいたのは、同じ都市空間を前にしながら、その将来的な可能性について人々が描くイメージは、各々の立場や利害を背景にもっており、互いに矛盾することも少なくないという事実だった。

これは、都市研究者として当然わきまえているべき基本である。分野や業界の立場に縛られがちという意味では、大学教員を含む専門家集団も例外ではない。中川運河という場の繋がりを通じて、そういう当たり前の現実の重要性を痛感した。そもそも、中川運河でなぜアートなのか。アートがしたいのか、それとも中川運河を立てたいのか。キャナルアートの実行委員会で交わされた喧々諤々の議論を思い出す。通常なら接点がない異業種・異分野の人たちが集まり、かくも熱くなれることに対して、新鮮な感動を覚えた。そして議論のほとぼりからさめたあと、自分のなか

に信念に近いものが残った。都市をつくるとは、多様な価値観のぶつかり合いのなかから、場所の「らしさ」を紡ぎ出すこと。そして、流動性が高い今の時代の都市は、固定概念としての住民ではなく、場所と積極的にかかわる意志をもった市民が主役となってつくるものだと。

むろん、地理学の看板を掲げる筆者も、専門家集団の一員と言えなくはない。しかし、幸か不幸か、筆者が所属している大学の学部は、市政(ことに名古屋市政)との分野的・組織的な関係をもたず、それゆえ建築・土木といった業界の利害関心とはおよそ無縁である。一匹狼というほど勇ましくはないが、さまざまな立場に対して通常よりも等距離でいられることが、地理学者としての自分の強味ではないかと思った。とすれば、イベントのデザイン・運営そのものに深入りするより、少し外野に引き下がり、支援する立場に回った方が賢明ではないか。またそうすることで、ジェネラリストであることを専門とする地理学の良さがいかせるだろうと考えた。

グレーと緑のコントラストが美しいこの土木空間の未来に可能性を感じ、各々の思いから運河にかかわり、つきあいを深めてきた人たち。筆者の中川運河との出会いは、運河の周りで人々の間に生まれた輪への仲間入りでもあった。同時に、場で繋がる人々のつきあいが、都市の「らしさ」を進化させる力となりうるし、なるべきだと確信した。そういうなかで、地理学者として主体的に果たしうる役割とは何だろうか。もし、ランドスケープから中川運河の「らしさ」が生まれる過程を照射し、記述するための言語が開発できたならば、すばらしいではないか。いささか無垢ともいえる着想だが、それが空間コード研究の出発点だったと思う。

*

空間コード研究の方法論について語るには、建築との出会いにふれなければならない。地理的センスに富んだ陣内秀信さんをはじめ、建築の専門家による都市論からは多くを学ばせてもらっている。中川運河の活動を通じて、建築実務に携わる人たちと意見を交わす機会もずいぶん増えた。そのうちの一人曰く、自分は言葉の通じない国に行っても、空間さえあればけっして退屈しないと言う。その言葉にはっとさせられた。はたして、空間の学を自称する地理学は、空間と向き合う感性を本当に大事にしてきたのだろうか。自らのうちにあった葛藤に近い疑問に対して、答えを出さねばという気持ちが堰を切ったように湧いてきた。

たしかに、空間をキーワードとして語る地理学者は多い。ニュートン力学的な均質空間をまずイメージし、中心地や距離で差異化するのが一つの流儀である。人間の意味づけを受けることで輪郭を現す空間という、文化論的なとらえ方もある。いずれも、学問的に意味のある空間へのアプローチだとは思う。しかし、ややもすると、人々が五感と知性を働かせて日々経験している空間、つまり身体とやりとりする空間への関心が薄いではないか。中川運河なら、都心から港に向けて雰囲気が移ろいゆく、ユニークな水土の境界空間に注目したい。低湿地に浮かぶ島のような微高地のコントラストも面白い。地理学だからこそ、空間への気づきからマネジメントの

可能性へ向かう発想が必要ではないか。

そういう疑問を抱きながら手に取った本の一冊に、イタリアの建築家、アルド・ロッシによる『都市の建築』があった。ロッシは言う。都市は、さまざまな機能的システムの産物として理解しうるが、一個の空間的な構造体ととらえる視角も重要である。そして、後者が建築と地理の視点なのだと。そのうえで、人間の経験の総和がかたちづくる都市にあって、空間にその固有の質を見出すべきだと主張する。これらの議論は、石造建築の文化を発達させたヨーロッパから発せられたという経路依存性を差し引いても、建築と地理の接点で都市論を展望するために、大きなヒントになると筆者には思えた。

しかし、ロッシが生きたヨーロッパ都市さえも、安易な変化を拒んでいるようにみえて、その実、たえざる開発圧力に晒され、モデルハウスをクローン化したような郊外の宅地や型通りのウォーターフロントを量産している。建築家マヌエル・デ・スラ・モラレスと地理学者オラシオ・カペルという2人の師匠の教えを受けたスペインの地理学者、フランセスク・ムニョスは、グローバル化の波に洗われ、小さな差異に戯れるそれらの都市を「俗都市」とさえ呼んだ。ならば、都市が自らのうえに成長し、自身の意識と記憶を獲得するには、どんな条件が必要なのだろうか。疑問を追求するなかで、形態は機能に従属するものではない、というロッシの主張に改めて思い至った。

都市は生きているから、同じ都市空間のなかで複数の機能が鬩ぎ合い、ある機能が別のものに取って代わることは珍しくない。そういうとき、形態は変化を繋ぎ、都市の「らしさ」にとって強い支えになりうる。たとえば、筆者が学生とともに調査したスペインのサンティアゴ・デ・コンポステラなら、教会と商業が中世に遡る都市の中核的な機能である。そのうえに、大学都市や巡礼・観光都市としての側面が加わって、歴史地区の形態にダイナミズムを注入し、ときに刷新を求めてきた。他方、それらの機能は、個々の瞬間を生きる都市において、必ずしも調和的に共存しているわけではない。にもかかわらず、都市がぞんざいに遊具の置かれた遊園地のような空間に成り下がらないのは、歴史地区の形態が有する圧倒的な存在感と多様な機能を引き受ける包容力によるところが大きいのではないか。つまり、機能によって形態が決まるのではなく、両者はある種もちつもたれつの関係にある。この関係がうまく働いているかどうかが、都市の「らしさ」の根本にあるのではないか。そう考えたとき、空間コード研究を貫くモチーフがみえた気がした。

現実の都市では、形態と機能のバランスはさまざまである。野外博物館と化した歴史地区が形態の突出の例であるとすれば、ロジスティックセンターは機能一点張りと言えようか。形態と機能のバランスが極端に悪い空間は、都市としてのクオリティを満たさない。無意識のうちにそれに気づいている人は多いだろう。難しいのは、特定の形態を求めた機能が失われたときに、空間をいかにリノベートするかである。実際、形態と機能をとりもつ関係に綻びが生じている、あるいは最初から存在しない例は、現代の都市を見れば数えきれないくらい存在する。たとえば、古代神殿よろしきドーリア様式の列柱で仰々しく飾った戸建て住宅やマンションが建ち並ぶ住宅

地。どこの国でも珍しくないはずだ。古典様式を当世風に解釈して取り入れる行為は、歴史上、いくどとなく繰り返されてきたが、デザインだけが浮遊したペラペラな感覚はいったいどこからくるのか。おそらく、住む人のライフスタイルを読み込むことなく開発業者が量産した住宅デザインの宿命というべき軽薄さなのだろう。そこに欠けているのは、空間の使いこなし、つまり機能と形態をとりもつ関係性に対する深い思慮である。

*

　空間コード研究でわれわれが強く意識したのは、形態や機能そのものよりも、関係性に強烈な個性を有する空間を識別することだった。これは難しいテーマである。なにしろ、関係性は見えにくい。カタチとして顕在化するとはかぎらないし、機能のように歴然とした必要性を主張するわけでもない。それに関係性は、空間を使っている当事者には自明のものであり、ゆえに自覚化・価値化されていないことが多い。その典型例が中川運河のように思えた。視覚的な形象の背後に隠れがちな関係性を可視化し、未来の都市づくりのために応用できないか。言うは易しくとも、筆者一人の力で達成できる業ではないことは明らかだった。ほとんど不可能と思われた課題にあえて挑戦するには、自分とは違った専門知をもちながら、未知の領域――本書の表現を使うなら、「境界性の空間」と言ってもよいが――に挑戦するだけの遊び心のある仲間が必要だ。筆者の呼びかけに応えてくれた6人のメンバーに改めて感謝したい。

　メンバーのなかで建築家の横関さんは、空間コード研究が手探り状態だった時期に、足がかりになるヒントを数多く提供してくれた。「中川運河デザインラボ」という小さなグループをつくって、現場によく出かけていた。のちにLimicolineアートプロジェクトの拠点となるガソリンスタンドの社屋を見つけて、地元の人たちをプロジェクトの仲間に引き込むきっかけをつくったのも、ほかならぬ横関さんである。同じく建築家の清水さんは、大学で教鞭を執る傍ら設計実務もこなし、キャナルアートでは、服部充代さんのあとを継いで実行委員長を務めている。大学の研究室と実務の世界、理論と実践、そして建築とアートの両方に目配りし、橋渡しできる清水さんのようなメンバーを得たことは、空間コード研究にとって非常にありがたかった。それからメッツラーさん。初めて会ったのは、拙宅の近所で開かれた名古屋の近代建築に関する作品展に行ったときだったと思う。建物本来が有するアウラ、あるいは存在論的価値とでも言うべきものを顕在化させる発想力と技量に感嘆しつつ、これが中川運河の風景に応用できたら面白そうだと直感した。おかげで、着想したことを実現できただけでなく、コミュニケーションデザインという氏の専門領域を通じて、空間コード研究とアートの近い関係にも気づくことができた。

　中川運河というフィールド実践のなかで、研究者として独創的なアイデアを提案してくれたのは、なんといっても長谷川さんだった。中川運河を船でクルーズすると、緑の瑞々しさに感動を覚えると同時に、その形成メカニズムに対する抗しがたい疑問が湧いてくる。われわれが抱いていたもやもやを晴らし、造園学的なマネジメントの提案まで引っ張って

くれたことは、空間コード研究にとって貴重な財産になった。同じ緑というテーマに対して都市計画学の視点からアプローチしているのが、チームのなかで一番の若手、川口さんである。空間のユーザーたる主体のやりとりを通じて都市の場所が成熟するのを見守ろうとする川口さんの態度は、形象が発する意味に偏りがちな建築の視点を相対化する意味をもったと思う。そして、中川運河へとりわけ足繁く通い、事業者や住民の方々との関係づくりに大きく貢献してくれたのが、建築の仕事をしながら、大学院で都市デザインの研究を修めた内山さんである。中川運河が絵に描いた餅のような綺麗な絵ではなく、市民の共有財産となるためには、運河とつきあう人々のうちに宿る風景やそれを通じた人の縁へのまなざしが不可欠である。内山さんとインタビュー調査や景観の定点観測に出かけるうちに、関係性をオープンコードで示すことの意味がはっきりみえた。

　本書の制作にあたっては、メンバーの提案を受けて実施した調査・分析結果をもとに、セクションごとに最適の執筆者を決めた。ディレクターを務める竹中にとっても初めての試みだったので、制作過程ではさまざまな困難に行き当たった。日曜夕方からの編集会議は、しばしば深夜まで続いた。草稿を前にして、各コードの位置づけやコード間の切分けを大幅に見直さざるをえなくなったこともある。結局、議論に耐えて残った個性豊かなコンセプトを大事にしつつ、文章構成・表現については、竹中の責任でメンバーが書いた草稿にかなり手を入れさせていただいた。おかげで、都市を共通の土俵とする多様な専門知の集約と、出版物としての一貫性のあるプレゼンテーションという、両立困難な目標をなんとか達成できたのではないかと自負している。

*

　最後になったが、再び建築との邂逅にふれておきたい。本書の構想が固まり、版元を探す段階になって最初に頭に浮かんだのは、探求心のある読者をターゲットとする建築系の出版社に受けてもらえればということだった。建築が果たすべき社会的使命に敏感な版元なら、地理学と建築の出会いをかたちにしてくれるのではないか、と考えたからである。そうした期待が現実のものとなり、鹿島出版会からの刊行が筆者にとってのもう一つの出会いとなったことを嬉しく思う。場違いと言わないまでも、いささかリスキーにみえたであろう出版企画を受け止めてくださった編集者の久保田昭子さん、そして休業に入った久保田さんのあとを継いで本書を完成へ導いてくれた渡辺奈美さんには、たいへんお世話になった。厚くお礼申し上げたい。

2015年12月16日
編著者　竹中克行

執筆担当一覧

第Ⅰ部　竹中克行

第Ⅱ部
　　A　長谷川泰洋・竹中克行
　　B　清水裕二・竹中克行
　　C　川口暢子・竹中克行

第Ⅲ部
　　A1/A2　竹中克行
　　A3　内山志保・竹中克行
　　A4　川口暢子
　　B1　横関浩・内山志保
　　B2　内山志保
　　B3　長谷川泰洋
　　B4　清水裕二・竹中克行
　　コラム「近代化遺産としての中川運河」
　　　　　清水裕二
　　C1　内山志保・竹中克行
　　C2　内山志保・横関浩
　　C3　長谷川泰洋・川口暢子
　　C4　清水裕二
　　コラム「名古屋の現代アートと産業空間活用」
　　　　　清水裕二

第Ⅳ部
　　SP1　①〜⑦　竹中克行・内山志保
　　　　　⑧　清水裕二
　　　　　⑨⑩　竹中克行・内山志保
　　　　　コラム「中川運河祭り」
　　　　　「運河の隣人たち」　内山志保
　　SP2　1　長谷川泰洋
　　　　　2　長谷川泰洋・川口暢子
　　　　　　　2-1　川口暢子
　　　　　　　2-2〜2-4　長谷川泰洋
　　　　　　　2-5　川口暢子
　　　　　　　2-6　横関浩
　　　　　3　橋本啓史
　　　　　　　3-1/3-2　橋本啓史・長谷川泰洋
　　SP3　1　竹中克行・内山志保
　　　　　2〜4　内山志保
　　SP4　クレメンス・メッツラー

第Ⅴ部
　　AP1　1　竹中克行
　　　　　2　川口暢子
　　　　　3　清水裕二
　　AP2　1　竹中克行
　　　　　　　①　竹中克行
　　　　　　　②　川口暢子
　　　　　　　③　内山志保
　　　　　　　④　清水裕二
　　　　　　　⑤　内山志保・竹中克行
　　　　　　　⑥　横関浩
　　　　　2　竹中克行
　　　　　　　①　清水裕二
　　　　　　　②　長谷川泰洋
　　　　　　　③　内山志保・竹中克行
　　AP3　1　川口暢子・竹中克行
　　　　　2　横関浩・竹中克行
　　　　　　　①〜③　著者7名による共同執筆

執筆者略歴（五十音順）

内山志保（うちやま・しほ）
有限会社杉浦清建築事務所・所属建築士
名古屋市立大学大学院芸術工学研究科博士前期課程修了、修士（芸術工学）
専門は建築・都市デザイン。建築の設計監理業務や専門学校講師を務める傍ら、中川運河をフィールドとして市民の間に育つ風景について探求している。

川口暢子（かわぐち・のぶこ）
名古屋大学大学院環境学研究科・研究員
名古屋大学大学院環境学研究科博士後期課程単位取得満期退学
専門は都市計画・緑地計画。人口減少時代におけるグリーン・インフラストラクチュアの都市計画的展開に向けて、制度・政策の研究を進めている。

清水裕二（しみず・ゆうじ）
建築家／愛知淑徳大学教授
東京大学大学院工学系研究科博士過程単位取得退学、修士（工学）
大学での教育活動とともに、まちづくりや建築設計の実践を行う。主な建築作品に「トオリニワの家」（2004年）、「House O」（2010年）など。2013年より、中川運河キャナルアート委員長。

長谷川泰洋（はせがわ・やすひろ）
国立研究開発法人森林総合研究所・非常勤特別研究員
名古屋市立大学大学院芸術工学研究科博士後期課程単位取得退学、博士（芸術工学）
専門は緑地計画学・緑地保全学。生物多様性・生態系サービスの評価手法・保全手法について、社会―生態システムを切り口とした研究を手がける。

クレメンス・メッツラー（Clemens Metzler）
コミュニケーションデザイナー
ドイツ生まれ、ブルグギービッシェンシュタイン国立芸術デザイン大学ハレ美術学部卒業
1998年に来日。クレメンス・メッツラーデザイン事務所を設立し、企業をクライアントとするデザイン制作を数多く手がける。愛知県立芸術大学などで非常勤講師を務める。

横関浩（よこぜき・ひろし）
建築家
STANDS ARCHITECTS 代表

編著者略歴

竹中克行（たけなか・かつゆき）
地理学者／愛知県立大学教授
東京大学大学院総合文化研究科博士課程満期退学、博士（学術）
地中海ヨーロッパのフィールド調査・研究を下敷きとして、日本国内で応用的な都市研究を手がける。主な著書に、『人文地理学への招待』（ミネルヴァ書房、2015年、編著）、『グローバル化と文化の境界——多様性をマネジメントするヨーロッパの挑戦』（昭和堂、2015年、編著）、『俗都市化——ありふれた景観 グローバルな場所』（昭和堂、2013年、共訳）、『スペインワイン産業の地域資源論——地理的呼称制度はワインづくりの場をいかに変えたか』（ナカニシヤ出版、2010年、共著）、『多言語国家スペインの社会動態を読み解く——人の移動と定着の地理学が照射する格差の多元性』（ミネルヴァ書房、2009年、単著）など。

空間コードから共創する中川運河
「らしさ」のある都市づくり

2016年2月15日　第1刷発行

編著者	竹中克行
発行者	坪内文生
発行所	鹿島出版会
	〒104-0028 東京都中央区八重洲2-5-14
	電話 03-6202-5200　振替 00160-2-180883
印刷・製本	三美印刷
本文デザイン	石田秀樹

© Katsuyuki TAKENAKA 2016、Printed in Japan
ISBN 978-4-306-07320-3 C3052

落丁・乱丁本はお取り替えいたします。
本書の無断複製（コピー）は著作権法上での例外を除き禁じられています。
また、代行業者等に依頼してスキャンやデジタル化することは、
たとえ個人や家庭内の利用を目的とする場合でも著作権法違反です。

本書の内容に関するご意見・ご感想は下記までお寄せ下さい。
URL：http://www.kajima-publishing.co.jp/
e-mail：info@kajima-publishing.co.jp